辐射防护与职业健康 200 问

主　编　赵徵鑫

副主编　王　强　张　磊　曹艺耀　俞顺飞

河南科学技术出版社

·郑州·

图书在版编目（CIP）数据

辐射防护与职业健康200问 / 赵徵鑫主编. —郑州：
河南科学技术出版社，2022.2
ISBN 978-7-5725-0726-7

Ⅰ.①辐… Ⅱ.①赵… Ⅲ.①辐射防护—问题解答
Ⅳ.①TL7-44

中国版本图书馆CIP数据核字（2022）第025721号

出版发行：河南科学技术出版社
　　　　　地址：郑州市郑东新区祥盛街27号　　邮编：450016
　　　　　电话：（0371）65737028　65788613
　　　　　网址：www.hnstp.cn
责任编辑：任燕利
责任校对：崔春娟
封面设计：中文天地
责任印制：朱　飞
印　　刷：河南博雅彩印有限公司
经　　销：全国新华书店
开　　本：850 mm×1 168 mm　1/32　印张：4.75　字数：63千字
版　　次：2022年2月第1版　2022年2月第1次印刷
定　　价：30.00元

如发现印、装质量问题，影响阅读，请与出版社联系并调换。

《辐射防护与职业健康200问》编委会

前　言

近年，核技术发展异常迅速，其应用也愈发广泛，在工业、农业、医学、军事、航空航天等领域扮演着越来越重要的角色。据不完全统计，目前我国现有放射源/射线装置单位约8万家，放射源总数约35万枚，各类射线装置约20万台。接触天然辐射的劳动者人数超1000万，接触人工辐射的劳动者人数约为60万。

根据国际原子能机构调查结果，截至2020年3月8日，全世界有30个国家和地区运行着442个核电机组，其中我国有48个核电机组在运行，在建的机组有10个。核电站作为一个极为复杂的工程，存在发生大量放射性物质释放等严重事故的概率。尽管在各代反应堆设计阶段对此均有所考虑，遗憾的是核电站实际发生事故的可能性远大于设计评估的结果。例如美国三里岛核事故、苏联切尔诺贝利核事故及日本福岛核事故均造成了巨大的经济损失和社会影响。除了核事故外，其他领域放射源和射线装置事故也时有发生，因此需格外注重核与辐射事故预防工作。

随着工业化的发展，我国每年新发职业病例数一直处在较高水平。目前，我国职业病患者已是一个十分庞大的群体。国家十分注重职业病防治工作，出台了多项与职业病防治相关的法律、法规、标准和规划等。这些措施的出台为职业病防治工作提供了积极的导向，也取得了良好效果。职业性放射性疾病是我国法定职业病的一类。尽管职业性放射性疾病所占比例不高，但由于放射工作人员数量较多，再加上放射线不仅可能对劳动者自身健康造成损害，还可能危害其后代，因此，放射工作人员的职业健康问题需格外关注。

目前，市面上关于辐射防护和职业健康的书籍较少，而且基本都是专业性的，偏科普一点的较少。本书采取灵活的科普问答方式，从基础知识、放射源与射线装置、医用辐射、工业辐射、辐射事故应急处理、个人剂量和职业健康等 7 个方向系统梳理了辐射防护和职业健康知识，形式新颖，通俗易懂，可作为放射相关从业人员职业防护的参考书。由于编者水平有限，如书中存在疏漏和不足之处，敬请读者批评指正。

编者

2021 年 6 月

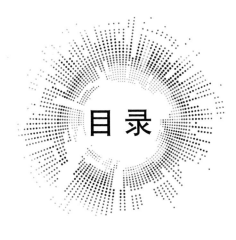

目 录

第三部分　医用辐射篇

第四部分　工业辐射篇

第一部分
基础知识篇

什么是电离辐射?

答:电离辐射是指携带的能量足以使物质原子或分子中的电子成为自由态,从而使这些原子或分子发生电离现象的辐射。

什么是直接电离辐射?

答:直接电离辐射是指射线照射生物时,与机体细胞、体液等物质相互作用,引起物质的原子或者分子电离,甚至直接破坏机体内某些大分子的结构。如使蛋白质分子断裂,使核糖核酸或脱氧核糖核酸分子断裂,破坏一些对物质新陈代谢有重要意义的酶等。

什么是间接电离辐射？

答：间接电离辐射又称间接致电离辐射，是指电离辐射作用于体液中的水分子，引起水分子的电离与激发，形成化学性质活泼的不稳定的自由基再作用于生物大分子而引发的一系列变化。

什么是职业照射？

答：根据 GB 18871—2002《电离辐射防护与辐射源安全基本标准》可知，职业照射是指除了国家有关法规和标准所排除的照射以及根据国家有关法规和标准予以豁免的实践或源所产生的照射以外，工作人员在其工作过程中所受的所有照射。

什么是外照射？

答：外照射是指放射性物质或者装置在机体外部对机体产生的电离辐射。

怎样防护外照射？

答：目前常用外照射防护方法主要为距离防护、时间防护和屏蔽防护。当辐射源与工作人员距离适当时，人员所受剂量与人源之间距离的平方成反比。由于人员所受剂量与其接受射线的时间成正比，且增加适当厚度的屏蔽材料可以减弱射线强度，因此，在放射工作中应尽可能增加人与辐射源之间的距离、减少人员接触射线时间，并借助屏蔽材料来达到防护外照射的目的。例如，射线装置或辐射源的机房设计足够的屏蔽厚度；放射工作人员穿戴铅防护服等。

什么是内照射？

答：内照射是指放射性物质进入机体后，对机体组织产生的电离辐射。

怎样防护内照射？

答：放射性核素进入人体主要通过呼吸道、消化道和皮肤三种途径。因此，内照射防护措施主要为切断放射性核素进入人体的各种途径。具体可分为：

（1）尽量将非密封源密封起来；

（2）将非密封源场所合理分区分级并严格管理；

（3）保持场所良好的通风；

（4）穿戴好个人防护用品；

（5）做好个人清洁卫生工作；

（6）不在工作区域饮食和抽烟；

（7）废物分类收集、统一处理；

（8）如果不慎发生放射性核素进入体内，迅速应用促排药剂等。

什么是辐射危害？

答：辐射危害是指辐射照射对自身及后代产生的总伤害。根据发生效应的机制不同，可分为随机性效应和确定性效应；根据发生效应的对象不同，可分为躯体效应和遗传效应；根据发生效应的快慢，可分为急性效应和慢性效应。

什么是确定性效应?

答：确定性效应又称有害的组织反应，是指在较大剂量照射组织的情况下大量细胞被杀死，而这些细胞又不能由活细胞的增殖来补偿，由此引起的组织或者器官功能损伤。确定性效应存在剂量阈值，效应的严重程度与剂量相关。确定性效应可表现为脱发、白内障、晶状体混浊、消化道损伤、不孕不育等临床疾病。

什么是随机性效应?

答：随机性效应是指辐射诱发癌症和遗传效应。随机性效应不存在剂量阈值，发生概率与剂量成正比，而严重程度与剂量无关。

什么是辐射防护?

答：辐射防护是指保护人员免受或少受电离辐射的影响，以及达到该目标的手段和方法。主要涉及辐射剂量学、放射生物学、流行病学及毒理学等学科。

辐射防护的目的是什么？

答：辐射防护的目的是避免确定性效应的发生，将随机性效应的发生概率降低到可以合理达到的最低水平。

辐射防护的三原则是什么？

答：辐射防护的三原则是指实践的正当性、防护的最优化及个人剂量限值。实践的正当性是指对于一项实践，只有在考虑了社会、经济和其他有关因素之后，对受照个人或社会所带来的利益足以弥补可能引起的辐射危害时，该实践才是正当的。辐射防护的最优化是指对于来自一项实践中的任一特定源的照射，在考虑了经济和社会因素之后，应使个人受照剂量的大小、受照射的人数以及受照射的可能性均保持在可合理达到的最低水平。个人剂量限值是指在受控源实践中个人受到的辐射剂量不得超过规定的数值。在放射实践中不能抛开其他因素单独考虑其中一个因素，应综合考量。

哪些人员属于放射工作人员？

答：根据《放射工作人员职业健康管理办法》，放射工作人员是指在放射工作单位从事放射职业活动中受到电离辐射照射的人员。

从事放射工作的人员应具备哪些条件？

答：根据《放射工作人员职业健康管理办法》，放射工作人员应当具备以下基本条件：

（1）年满 18 周岁；

（2）经职业健康检查，符合放射工作人员的职业健康要求；

（3）放射防护和有关法律知识培训考核合格；

（4）遵守放射防护法规和规章制度，接受职业健康监护和个人剂量监测管理；

（5）持有放射工作人员证。

放射工作单位能否安排怀孕的妇女参与应急处理和有可能造成职业性内照射的工作?

答:根据《放射工作人员职业健康管理办法》,放射工作单位不得安排怀孕的妇女参与应急处理和有可能造成职业性内照射的工作。哺乳期妇女在其哺乳期间应当避免接受职业性内照射。

是否只有女性放射工作人员才会得乳腺癌?

答:否。当男性放射工作人员乳腺部位受到一定辐射剂量照射时也可能会得乳腺癌。

电离辐射标志的正确样式是什么样的?

答:根据 GB 18871—2002《电离辐射防护与辐射源安全基本标准》,电离辐射标志如下图所示:

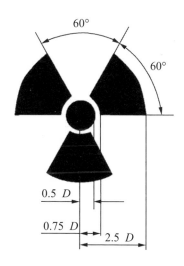

电离辐射警告标志的正确样式是什么样的?

答：根据 GB 18871—2002《电离辐射防护与辐射源安全基本标准》，电离辐射警告标志如右图所示。警告标志的含义是使人们注意可能发生的危险。其背景为黄色，正三角形边框及电离辐

射标志图形均为黑色,"当心电离辐射"用黑色粗等线体字。正三角形外边 $a_1=0.034\ L$,内边 $a_2=0.700a_1$,L 为观察距离。

电离辐射警告标志的警示语的背景是白色还是黄色?

答:根据 GB 2894—2008《安全标志及其使用导则》,电离辐射警告标志的警示语的背景为白色;根据 GBZ 158—2003《工作场所职业病危害警示标识》,电离辐射警告标志的警示语的背景为黄色。因此,根据现有国家标准,电离辐射警告标志的警示语的背景白色和黄色均可使用,具体如下图所示。

可能产生职业病危害的建设项目应在什么阶段进行职业病危害预评价？

答：根据《中华人民共和国职业病防治法》，新建、扩建、改建建设项目和技术改造、技术引进项目（以下统称建设项目）可能产生职业病危害的，建设单位在可行性论证阶段应当进行职业病危害预评价。

职业病危害预评价报告应当对建设项目可能产生的职业病危害因素及其对工作场所和劳动者健康的影响做出评价，确定危害类别和职业病防护措施。

放射工作人员进入放射工作场所时应遵守哪些基本规定？

答：根据《放射工作人员职业健康管理办法》，放射工作人员进入放射工作场所应当遵守以下规定：

（1）正确佩戴个人剂量计；

（2）操作结束离开非密封放射性物质工作场所时，按要求进行个人体表、衣物及防护用品的放射性表面污染监测，发现污染要及时处理，做好记录并存档；

（3）进入辐照装置、工业探伤、放射治疗等强辐射工作场所时，除佩戴常规个人剂量计外，还应当携带报警式剂量计。

放射工作人员享受哪些福利？

答：根据《放射工作人员职业健康管理办法》，放射工作人员可享受以下福利：

（1）除国家统一规定的休假外，放射工作人员每年可以享受保健休假 2 ~ 4 周。享受寒、暑假的放射工作人员不再享受保健休假。

（2）放射工作人员享受岗前、在岗期间和离岗前的职业健康检查。

（3）放射工作单位承担放射工作人员职业健康检查，职业性放射性疾病的诊断、鉴定、医疗救治和医学随访观察的费用。

（4）放射工作人员享受岗前和在岗期间的放射防护及有关法律知识培训。

（5）放射工作人员免费接受个人剂量监测。

（6）放射工作人员享受保健津贴。

第二部分
放射源与射线装置

什么是放射源？

答：根据《放射性同位素与射线装置安全和防护条例》，放射源是指除研究堆和动力堆核燃料循环范畴的材料以外，永久密封在容器中或者有严密包层并呈固态的放射性材料。

什么是非密封放射性物质？

答：根据《放射性同位素与射线装置安全和防护条例》，非密封放射性物质是指非永久密封在包壳里或者紧密地固结在覆盖层里的放射性物质。

什么是射线装置?

答:根据《放射性同位素与射线装置安全和防护条例》,射线装置是指 X 线机、加速器、中子发生器以及含放射源的装置。

放射源和射线装置的分类原则是什么?

答:根据《放射性同位素与射线装置安全和防护条例》,按照放射源对人体健康和环境的潜在危害程度,从高到低将放射源分为 Ⅰ、Ⅱ、Ⅲ、Ⅳ、Ⅴ类,Ⅴ类源的下限活度值为该种核素的豁免活度。根据射线装置对人体健康和环境的潜在危害程度,从高到低将射线装置分为Ⅰ类、Ⅱ类、Ⅲ类。

非密封源如何分类和管理?

答:非密封源工作场所按放射性核素日等效最大操作量分为甲、乙、丙三级,具体分级标准见 GB 18871—2002《电离辐射防护与辐射源安全基本标准》。甲级非密封源工作场所的安全管理参照 Ⅰ 类放射源,乙级和丙级非密封源工作场所的安全管理参照Ⅱ、Ⅲ类放射源。

什么是Ⅰ类放射源？

答：根据《放射源分类办法》，Ⅰ类放射源为极高危险源。在没有防护的情况下，接触这类源几分钟到1小时就可致人死亡。

什么是Ⅱ类放射源？

答：根据《放射源分类办法》，Ⅱ类放射源为高危险源。在没有防护的情况下，接触这类源几小时至几天可致人死亡。

什么是Ⅲ类放射源？

答：根据《放射源分类办法》，Ⅲ类放射源为危险源。在没有防护的情况下，接触这类源几小时就可对人造成永久性损伤，接触几天至几周也可致人死亡。

什么是Ⅳ类放射源？

答：根据《放射源分类办法》，Ⅳ类放射源为低危险源，基本不会对人造成永久性损伤，但对长时间、近距离接触这些放射源的人可能造成可恢复的临时性损伤。

什么是Ⅴ类放射源？

答：Ⅴ类放射源为极低危险源，不会对人造成永久性损伤。

什么是Ⅰ类射线装置？

答：Ⅰ类射线装置是指事故时短时间照射可使受到照射的人员产生严重放射损伤的射线装置，其安全与防护要求高。

什么是Ⅱ类射线装置？

答：Ⅱ类射线装置是指事故时可使受到照射的人员产生较严重放射损伤的射线装置，其安全与防护要求较高。

什么是Ⅲ类射线装置？

答：Ⅲ类射线装置是指事故时一般不会使受到照射的人员产生放射损伤的射线装置，其安全与防护要求相对简单。

哪些医用射线装置属于Ⅰ类射线装置？

答：根据《射线装置分类》，质子治疗装置、重离子治疗装置及其他粒子能量大于等于 100 MeV 的医用加速器属于Ⅰ类射线装置。

哪些医用射线装置属于Ⅱ类射线装置？

答：根据《射线装置分类》，粒子能量小于 100 MeV 的医用加速器、制备正电子发射计算机断层显像（PET）装置用放射性药物的加速器、X 射线治疗机（深部、浅部）、术中放射治疗装置、血管造影用 X 射线装置属于Ⅱ类射线装置。其中，血管造影用 X 射线装置包括用于心血管介入术、外周血管介入术、神经介入术等的 X 射线装置，以及含具备数字减影血管造影（DSA）功能的设备。

哪些医用射线装置属于Ⅲ类射线装置？

答：根据《射线装置分类》，医用 X 射线计算机断层扫描（CT）装置、医用诊断 X 射线装置、口腔（牙科）X 射线装置、放射治疗模拟定位装置、X 射线血液辐照仪以及其他不能被豁免的 X 射线装置属于Ⅲ类射线装置。其中，医用 CT 装置包括医学影像用 CT 机、放疗 CT 模拟定位机、核医学 SPECT/CT 和 PET/CT 等；医用诊断 X 射线装置包括 X 射线摄影装置、床旁 X 射线摄影装置、X 射线透视装置、移动 X 射线 C 臂机、移动 X 射线 G 臂机、手术用 X 射线机、X 射线碎石机、乳腺 X 射线装置、胃肠 X 射线机、X 射线骨密度仪等常见 X 射线诊断设备和开展非血管造影用 X 射线装置；口腔（牙科）X 射线装置包括口腔内 X 射线装置（牙片机）、口腔外 X 射线装置（含全景机和口腔 CT 机）。

哪些非医用射线装置属于Ⅰ类射线装置？

答：根据《射线装置分类》，生产放射性同位素用加速器［不含制备正电子发射计算机断层显像（PET）装置用放射性药物的加速器］、粒子能量大于等于 100 MeV

的非医用加速器属于 I 类射线装置。

哪些非医用射线装置属于 II 类射线装置？

答：根据《射线装置分类》，粒子能量小于 100 MeV 的非医用加速器、工业辐照用加速器、工业探伤用加速器、安全检查用加速器、车辆检查用 X 射线装置、工业用 X 射线计算机断层扫描（CT）装置、工业用 X 射线探伤装置、中子发生器属于 II 类射线装置。其中，工业用 X 射线探伤装置分为自屏蔽式 X 射线探伤装置和其他工业用 X 射线探伤装置，后者包括固定式 X 射线探伤系统、便携式 X 射线探伤机、移动式 X 射线探伤装置和 X 射线照相仪等利用 X 射线进行无损探伤检测的装置。对自屏蔽式 X 射线探伤装置的生产、销售活动按 II 类射线装置管理，使用活动按 III 类射线装置管理。

哪些非医用射线装置属于 III 类射线装置？

答：根据《射线装置分类》，人体安全检查用 X 射线装置、X 射线行李包检查装置、X 射线衍射仪、X 射线荧光仪、其他各类 X 射线检测装置（测厚、称重、测孔径、测密度等）、离子注（植）入装置、兽用 X 射线装置、电子束焊机、其他不能被豁免的 X 射线装置属于Ⅲ类射线装置。其中，对电子束焊机的生产、销售活动按Ⅲ类射线装置管理，对其设备使用单位实行豁免管理。

第三部分

医用辐射篇

什么是放射治疗？

答：放射治疗是指利用电离辐射的生物效应治疗肿瘤等疾病的技术。

什么是核医学？

答：核医学是指利用放射性同位素诊断、治疗疾病或进行医学研究的技术。

什么是介入放射学？

答：介入放射学是指在医学影像系统监视引导下，经皮针穿刺或引入导管做抽吸、注射、引流，或对管腔、血管等做成型、灌注、栓塞等，以诊断和治疗疾病的技术。

什么是 X 射线影像诊断？

答：X 射线影像诊断是指利用 X 射线的穿透性质等取得人体内器官与组织的影像信息以诊断疾病的技术。

开展放射诊疗工作的医疗机构应具备哪些条件？

答：根据《放射诊疗管理规定》，开展放射诊疗工作的医疗机构应具备以下基本条件：

（1）具有经核准登记的医学影像科诊疗科目；

（2）具有符合国家相关标准和规定的放射诊疗场所及配套设施；

（3）具有质量控制与安全防护专（兼）职管理人员和管理制度，并配备必要的防护用品和监测仪器；

（4）产生放射性废气、废液、固体废物的，具有确保放射性废气、废液、固体废物达标排放的处理能力或者可行的处理方案；

（5）具有放射事件应急处理预案。

医疗机构开展放射治疗工作应当配备哪些工作人员？

答：根据《放射诊疗管理规定》，医疗机构开展放射治疗工作应当配备以下人员：

（1）中级以上专业技术职务任职资格的放射肿瘤医师；

（2）病理学、医学影像学专业技术人员；

（3）大学本科以上学历或中级以上专业技术职务任职资格的医学物理人员；

（4）放射治疗技师和维修人员。

医疗机构开展核医学工作应当配备哪些工作人员？

答：根据《放射诊疗管理规定》，医疗机构开展核医学工作应当配备以下人员：

（1）中级以上专业技术职务任职资格的核医学医师；

（2）病理学、医学影像学专业技术人员；

（3）大学本科以上学历或中级以上专业技术职务任职资格的技术人员或核医学技师。

医疗机构开展介入放射学工作应当配备哪些工作人员？

答：根据《放射诊疗管理规定》，医疗机构开展介入放射学工作应当配备以下人员：

（1）大学本科以上学历或中级以上专业技术职务任职资格的放射影像医师；

（2）放射影像技师；

（3）相关内、外科的专业技术人员。

医疗机构开展 X 射线影像诊断工作应当配备哪些工作人员？

答：根据《放射诊疗管理规定》，医疗机构开展 X 射线影像诊断工作应当配备专业的放射影像医师。

医疗机构开展不同类别放射诊疗工作应当具有哪些设备？

答：根据《放射诊疗管理规定》，医疗机构开展不同类别放射诊疗工作，应当分别具有下列设备：

（1）开展放射治疗工作的，至少有一台远距离放射治疗装置，并具有模拟定位设备和相应的治疗计划系统等设备；

（2）开展核医学工作的，具有核医学设备及其他相关设备；

（3）开展介入放射学工作的，具有带影像增强器的医用诊断 X 射线机、数字减影装置等设备；

（4）开展 X 射线影像诊断工作的，有医用诊断 X 射线机或 CT 机等设备。

医疗机构应对哪些设备和场所设置醒目的警示标志？

答：根据《放射诊疗管理规定》，医疗机构应对以下设备和场所设置醒目的警示标志：

（1）装有放射性同位素和放射性废物的设备、容器，设置电离辐射标志；

（2）放射性同位素和放射性废物储存场所，设置电离辐射警告标志及必要的文字说明；

（3）放射诊疗工作场所的入口处，设置电离辐射警告标志；

（4）放射诊疗工作场所应当按照有关标准的要求分为控制区、监督区，在控制区进出口及其他适当位置，设置电离辐射警告标志和工作指示灯。

放射诊疗中如果机房候诊门出现故障而无法关闭，医疗机构还能进行拍片摄影吗？

答：根据《中华人民共和国职业病防治法》，建设项目的职业病防护设施未按照规定与主体工程同时设计、同时施工、同时投入生产和使用的，由卫生行政部门给予警告，责令限期改正；逾期不改正的，处十万元以上五十万元以下的罚款；情节严重的，责令停止产生职业病危害的作业，或者提请有关人民政府按照国务院规定的权限责令停建、关闭。根据 GBZ 130—2020《放射诊断放射防护要求》，X 射线设备平开机房门应有自动闭门装置；推拉式机房门应设有曝光时关闭机房门的管理措施；工作状态指示灯能与机房门有效关联。因此，在正常曝光状况下，机房门应该处在关闭状态。如放射诊疗中机房候诊门出现故障而无法关闭时医疗机构应停止拍片摄影。

医疗机构开展放射治疗工作应向哪个部门提出建设项目卫生审查、竣工验收和设置放射诊疗项目申请？

答：根据《放射诊疗管理规定》，医疗机构开展放射治疗工作应向省级卫生行政部门提出建设项目卫生审查、竣工验收和设置放射诊疗项目申请。

医疗机构开展核医学工作应向哪个部门提出建设项目卫生审查、竣工验收和设置放射诊疗项目申请？

答：根据《放射诊疗管理规定》，医疗机构开展核医学工作应向省级卫生行政部门提出建设项目卫生审查、竣工验收和设置放射诊疗项目申请。

医疗机构开展介入放射学工作应向哪个部门提出建设项目卫生审查、竣工验收和设置放射诊疗项目申请？

答：根据《放射诊疗管理规定》，医疗机构开展介入放射学工作应向设区的市级卫生行政部门提出建设项目卫生审查、竣工验收和设置放射诊疗项目申请。

医疗机构开展X射线影像诊断工作应向哪个部门提出建设项目卫生审查、竣工验收和设置放射诊疗项目申请？

答：根据《放射诊疗管理规定》，医疗机构开展X射线影像诊断工作应向县级卫生行政部门提出建设项目卫生审查、竣工验收和设置放射诊疗项目申请。

医疗机构同时开展不同类别放射诊疗工作时应向哪个部门提出建设项目卫生审查、竣工验收和设置放射诊疗项目申请？

答：根据《放射诊疗管理规定》，医疗机构同时开展不同类别放射诊疗工作应向具有高类别审批权的卫生行政部门申请办理。

医疗机构放射治疗场所应配备哪些安全和质量控制装置？

答：根据《放射诊疗管理规定》，医疗机构放射治疗场所应当按照相应标准设置多重安全联锁系统、剂量监测系统、影像监控、对讲装置和固定式剂量监测报警装置；配备放疗剂量仪、剂量扫描装置和个人剂量报警仪等。

医疗机构在放射诊疗建设项目竣工验收前向卫生行政部门申请进行卫生验收时应提交哪些资料？

答：根据《放射诊疗管理规定》，医疗机构在放射诊疗建设项目竣工验收前，应当进行职业病危害控制效果评价，并向相应的卫生行政部门提交下列资料，申请进行卫生验收：

（1）建设项目竣工卫生验收申请；

（2）建设项目卫生审查资料；

（3）职业病危害控制效果放射防护评价报告；

（4）放射诊疗建设项目验收报告。

立体定向放射治疗、质子治疗、重离子治疗、带回旋加速器的正电子发射断层扫描诊断等放射诊疗建设项目，应当提交国家卫生健康委员会指定的放射卫生技术机构出具的职业病危害控制效果评价报告技术审查意见和设备性能检测报告。

医疗机构在开展放射诊疗工作前向卫生行政部门提出放射诊疗许可申请时应当提交哪些资料？

答：医疗机构在开展放射诊疗工作前向相应的卫生行政部门提出放射诊疗许可申请时应当提交下列资料：

（1）放射诊疗许可申请表；

（2）医疗机构执业许可证或设置医疗机构批准书（复印件）；

（3）放射诊疗专业技术人员的任职资格证书（复印件）；

（4）放射诊疗设备清单；

（5）放射诊疗建设项目竣工验收合格证明文件。

医疗机构配置哪些设备时需办理甲类大型医用设备配置许可证？

答：根据国家卫生健康委员会《大型医用设备配置许可管理目录（2018）》，医疗机构配备以下设备时需要向国家卫生健康委员会申请办理甲类大型医用设备配置许可证：

（1）重离子放射治疗系统。

（2）质子放射治疗系统。

（3）正电子发射型磁共振成像系统（英文简称 PET/MR）。

（4）高端放射治疗设备，指集合了多模态影像、人工智能、复杂动态调强、高精度大剂量率等精确放疗技术的放射治疗设备，目前包括 X 线立体定向放射治疗系统（英文简称 Cyberknife）、螺旋断层放射治疗系统（英文简称 Tomo）HD 和 HDA 两个型号、Edge 和 Versa HD 等型号直线加速器。

（5）首次配置的单台（套）价格在 3 000 万元人民币（约 400 万美元）及以上的大型医疗器械。

医疗机构配置哪些设备时需办理乙类大型医用设备配置许可证？

答：根据国家卫生健康委员会《大型医用设备配置许可管理目录（2018）》，医疗机构配备以下设备时需要向省级卫生健康委员会申请办理乙类大型医用设备配置许可证：

（1）X 线正电子发射断层扫描仪（英文简称 PET/CT，含 PET）；

（2）内窥镜手术器械控制系统（手术机器人）；

（3）64 排及以上 X 线计算机断层扫描仪（64 排及以上 CT）；

（4）1.5T 及以上磁共振成像系统（1.5T 及以上 MRI）；

（5）直线加速器（含 X 刀，不包括列入甲类管理目录的放射治疗设备）；

（6）伽玛射线立体定向放射治疗系统（包括用于头

部、体部和全身）；

（7）首次配置的单台（套）价格在 1 000 万 ~ 3 000 万元人民币的大型医疗器械。

CT 机房内最小有效使用面积和最小单边长度是多少？

答：根据 GBZ 130—2020《放射诊断放射防护要求》，CT 机（不含头颅移动 CT）机房内最小有效使用面积为 30 m^2，最小单边长度为 4.5 m。

DR 机房内最小有效使用面积和最小单边长度是多少？

答：根据 GBZ 130—2020《放射诊断放射防护要求》，DR 机房内最小有效使用面积为 20 m^2，最小单边长度为 3.5 m。此外，CR 机、屏片 X 射线机机房的要求与 DR 机相同。

透视专用机房内最小有效使用面积和最小单边长度是多少?

答:根据 GBZ 130—2020《放射诊断放射防护要求》,透视专用机房内最小有效使用面积为 15 m^2,最小单边长度为 3.0 m。

碎石机房内最小有效使用面积和最小单边长度是多少?

答:根据 GBZ 130—2020《放射诊断放射防护要求》,碎石机房内最小有效使用面积为 15 m^2,最小单边长度为 3.0 m。

乳腺机房内最小有效使用面积和最小单边长度是多少?

答:根据 GBZ 130—2020《放射诊断放射防护要求》,乳腺机房内最小有效使用面积为 10 m^2,最小单边长度为 2.5 m。乳腺机包括乳腺 CR 机、乳腺 DR 和乳腺屏片 X 射线机。

乳腺 CBCT 机房内最小有效使用面积和最小单边长度是多少?

答：根据 GBZ 130—2020《放射诊断放射防护要求》，乳腺 CBCT 机房内最小有效使用面积为 20 m^2，最小单边长度为 3.5 m。

口内牙片机房内最小有效使用面积和最小单边长度是多少?

答：根据 GBZ 130—2020《放射诊断放射防护要求》，口内牙片机房内最小有效使用面积为 3 m^2，最小单边长度为 1.5 m。

牙科全景机房内最小有效使用面积和最小单边长度是多少?

答：根据 GBZ 130—2020《放射诊断放射防护要求》，牙科全景机房内最小有效使用面积为 5 m^2，最小单边长度为 2.0 m。

口腔CBCT机房内最小有效使用面积和最小单边长度是多少？

答：根据GBZ 130—2020《放射诊断放射防护要求》，口腔CBCT坐位扫描/站位扫描机房内最小有效使用面积为5 m^2，最小单边长度为2.0 m；口腔CBCT卧位扫描机房内最小有效使用面积为15 m^2，最小单边长度为3.0 m。

骨密度仪机房内最小有效使用面积和最小单边长度是多少？

答：根据GBZ 130—2020《放射诊断放射防护要求》，全身骨密度仪机房内最小有效使用面积为10 m^2，最小单边长度为2.5 m；局部骨密度仪机房内最小有效使用面积为5 m^2，最小单边长度为2.0 m。

什么样的放射机房可不做专门屏蔽防护？

答：根据GBZ 130—2020《放射诊断放射防护要求》，距X射线设备表面100 cm处的周围剂量当量率不大于2.5 μSv/h且X射线设备表面与机房墙体距离不小于 100 cm 时机房可不做专门屏蔽防护。

CT 机房屏蔽防护剂量限值及铅当量厚度有何要求？

答：根据 GBZ 130—2020《放射诊断放射防护要求》，CT 机房外的周围剂量当量率应不大于 2.5 μSv/h。CT 机房（不含头颅移动 CT）的屏蔽防护铅当量为 2.5 mmPb。

摄影机房屏蔽防护剂量限值及铅当量厚度有何要求？

答：根据 GBZ 130—2020《放射诊断放射防护要求》，具有短时、高剂量率曝光摄影程序（如 DR、CR、屏片摄影）的机房外的周围剂量当量率应不大于 25 μSv/h，当超过时应进行机房外人员的年有效剂量评估，应不大于 0.25 mSv。其中，标称 125 kV 以上的摄影机房，有用线束方向的屏蔽防护铅当量为 3.0 mmPb，非有用线束方向的屏蔽防护铅当量为 2.0 mmPb；标称 125 kV 及以下的摄影机房，有用线束方向的屏蔽防护铅

当量为 2.0 mmPb，非有用线束方向的屏蔽防护铅当量为
1.0 mmPb。

透视机房屏蔽防护剂量限值及铅当量厚度有何要求？

答：根据 GBZ 130—2020《放射诊断放射防护要求》，具有透视功能的 X 射线设备在透视条件下检测时，周围剂量当量率应不大于 2.5 μSv/h；测量时，X 射线设备连续出束时间应大于仪器响应时间。针对 C 形臂 X 射线设备机房而言，有用线束方向和非有用线束方向的屏蔽防护铅当量均为 2.0 mmPb；针对透视机房、碎石机房和模拟定位机房而言，有用线束方向和非有用线束方向的屏蔽防护铅当量均为 1.0 mmPb。

乳腺摄影机房屏蔽防护剂量限值及铅当量厚度有何要求？

答：根据 GBZ 130—2020《放射诊断放射防护要求》，乳腺摄影（含乳腺 DR、乳腺 CT 和乳腺屏片 X 射线机）、乳腺 CBCT 机房外的周围剂量当量率应不大于

2.5 μSv/h。针对乳腺摄影机房和乳腺 CBCT 机房而言，有用线束方向和非有用线束方向的屏蔽防护铅当量均为 1.0 mmPb。

牙科摄影机房屏蔽防护剂量限值及铅当量厚度有何要求？

答：根据 GBZ 130—2020《放射诊断放射防护要求》，口内牙片摄影、牙科全景摄影、牙科全景头颅摄影和口腔 CBCT 机房外的周围剂量当量率应不大于 2.5 μSv/h。针对牙科全景机房（有头颅摄影）和口腔 CBCT 机房而言，有用线束方向屏蔽防护铅当量为 2.0 mmPb，非有用线束方向屏蔽防护铅当量为 1.0 mmPb；针对口内牙片机房和牙科全景机房（无头颅摄影）而言，有用线束方向和非有用线束方向的屏蔽防护铅当量均为 1.0 mmPb。

骨密度仪机房屏蔽防护剂量限值及铅当量厚度有何要求？

答：根据 GBZ 130—2020《放射诊断放射防护要求》，全身骨密度仪机房外的周围剂量当量率应不大于

2.5 μSv/h。骨密度仪机房有用线束方向和非有用线束方向的屏蔽防护铅当量均为 1.0 mmPb。

X 射线设备工作场所防护有什么具体要求？

答：根据 GBZ 130—2020《放射诊断放射防护要求》，X 射线设备工作场所防护具体要求如下：

（1）机房应设有观察窗或摄像监控装置，其设置的位置应便于观察到受检者状态及防护门开闭情况。

（2）机房内不应堆放与该设备诊断工作无关的杂物。

（3）机房应设置动力通风装置，并保持良好的通风。

（4）机房门外应有电离辐射警告标志；机房门上方应有醒目的工作状态指示灯，灯箱上应设置如"射线有害、灯亮勿入"的可视警示语句；候诊区应设置放射防护注意事项告知栏。

（5）平开机房门应有自动闭门装置；推拉式机房门应设有曝光时关闭机房门的管理措施；工作状态指示灯能与机房门有效关联。

（6）电动推拉门宜设置防夹装置。

（7）受检者不应在机房内候诊；非特殊情况，检查过程中陪检者不应滞留在机房内。

（8）模拟定位设备机房防护设施应满足相应设备类型的防护要求。

（9）CT装置的安放应利于操作者观察受检者。

（10）机房出入门宜处于散射辐射相对低的位置。

（11）车载式X射线诊断设备工作场所的选择应充分考虑周围人员的驻留条件，X射线有用线束应避开人员停留和流动的路线。

（12）车载式X射线诊断设备的临时控制区边界上应设立清晰可见的警告标志牌（例如："禁止进入X射线区"）和电离辐射警告标志。临时控制区内不应有无关人员驻留。

X射线设备工作场所防护用品和辅助防护设施的铅当量配置要求是什么？

答：根据GBZ 130—2020《放射诊断放射防护要求》，除介入防护手套外，防护用品和辅助防护设施的铅当量应不小于0.25 mmPb；介入防护手套铅当量应不小于0.025 mmPb；甲状腺、性腺防护用品铅当量应不小于

0.5 mmPb；移动铅防护屏风铅当量应不小于 2 mmPb。此外，为儿童配备的防护用品和辅助防护设施的铅当量应不小于 0.5 mmPb。

X射线诊断设备工作场所防护用品和辅助防护设施配置数量有何要求？

答：根据 GBZ 130—2020《放射诊断放射防护要求》，根据每台 X 射线设备工作内容，现场配备的个人防护用品和辅助防护设施数量应满足开展工作需要，工作人员、受检者防护用品与辅助防护设施的配备应满足标准要求，陪检者应至少配备铅橡胶防护衣。对于移动式 X 射线设备使用频繁的场所（如重症监护、危重病人救治、骨科复位场所等），应配备足够数量的移动铅防护屏风。

放射诊断学用X射线设备隔室透视和摄影需配备哪些防护用品？

答：根据 GBZ 130—2020《放射诊断放射防护要求》，放射诊断学用 X 射线设备隔室透视和摄影（DR、透视机、胃肠机、骨密度仪、乳腺机等）需配备如表 1 所示的防护用品。

表 1 个人防护用品和辅助防护设施配置要求（一）

防护对象	个人防护用品	辅助防护设施
工作人员	不做要求	不做要求
成人受检者	铅橡胶性腺防护围裙（方形）或方巾、铅橡胶颈套 选配：铅橡胶帽子	可调节防护窗口的立位防护屏 选配：固定特殊受检者体位的各种设备
儿童受检者	铅橡胶性腺防护围裙（方形）或方巾、铅橡胶颈套 选配：铅橡胶帽子	
陪检者	铅橡胶防护衣	不做要求

放射诊断学用 X 射线设备同室透视和摄影需配备哪些防护用品？

答：根据 GBZ 130—2020《放射诊断放射防护要求》，放射诊断学用 X 射线设备同室透视和摄影需配备如表 2 所示的防护用品。

表 2　个人防护用品和辅助防护设施配置要求（二）

防护对象	个人防护用品	辅助防护设施
工作人员	铅橡胶围裙 选配：铅橡胶帽子、铅橡胶颈套、铅橡胶手套、铅防护眼镜	移动铅防护屏风
成人受检者	铅橡胶性腺防护围裙（方形）或方巾、铅橡胶颈套 选配：铅橡胶帽子	可调节防护窗口的立位防护屏 选配：固定特殊受检者体位的各种设备
儿童受检者	铅橡胶性腺防护围裙（方形）或方巾、铅橡胶颈套 选配：铅橡胶帽子	
陪检者	铅橡胶防护衣	不做要求

口内牙片摄影需配备哪些防护用品？

答：根据 GBZ 130—2020《放射诊断放射防护要求》，口内牙片摄影需配备如表 3 所示的防护用品。

表 3　个人防护用品和辅助防护设施配置要求（三）

防护对象	个人防护用品	辅助防护设施
工作人员	不做要求	不做要求
成人受检者	大领铅橡胶颈套	不做要求
儿童受检者	大领铅橡胶颈套	不做要求
陪检者	铅橡胶防护衣	不做要求

牙科全景体层摄影需配备哪些防护用品？

答：根据 GBZ 130—2020《放射诊断放射防护要求》，牙科全景体层摄影需配备如表 4 所示的防护用品。

表 4　个人防护用品和辅助防护设施配置要求（四）

防护对象	个人防护用品	辅助防护设施
工作人员	不做要求	不做要求
成人受检者	大领铅橡胶颈套 选配：铅橡胶帽子	不做要求
儿童受检者	大领铅橡胶颈套 选配：铅橡胶帽子	不做要求
陪检者	铅橡胶防护衣	不做要求

口腔 CBCT 摄影需配备哪些防护用品？

答：根据 GBZ 130—2020《放射诊断放射防护要求》，口腔 CBCT 摄影需配备如表 5 所示的防护用品。

表 5　个人防护用品和辅助防护设施配置要求（五）

防护对象	个人防护用品	辅助防护设施
工作人员	不做要求	不做要求

防护对象	个人防护用品	辅助防护设施
成人受检者	大领铅橡胶颈套 选配：铅橡胶帽子	不做要求
儿童受检者	大领铅橡胶颈套 选配：铅橡胶帽子	不做要求
陪检者	铅橡胶防护衣	不做要求

CT 体层扫描（隔室）需配备哪些防护用品？

答：根据 GBZ 130—2020《放射诊断放射防护要求》，CT 体层扫描（隔室）需配备如表 6 所示的防护用品。

表 6　个人防护用品和辅助防护设施配置要求（六）

防护对象	个人防护用品	辅助防护设施
工作人员	不做要求	不做要求
成人受检者	铅橡胶性腺防护围裙（方形） 或方巾、铅橡胶颈套 选配：铅橡胶帽子	不做要求
儿童受检者	铅橡胶性腺防护围裙（方形） 或方巾、铅橡胶颈套 选配：铅橡胶帽子	不做要求
陪检者	铅橡胶防护衣	不做要求

移动 DR 等床旁摄影需配备哪些防护用品？

答：根据 GBZ 130—2020《放射诊断放射防护要求》，移动 DR 等床旁摄影需配备如表 7 所示的防护用品。

表 7　个人防护用品和辅助防护设施配置要求（七）

防护对象	个人防护用品	辅助防护设施
工作人员	铅橡胶围裙 选配：铅橡胶帽子、铅橡胶颈套	不做要求
成人受检者	铅橡胶性腺防护围裙（方形）或方巾、铅橡胶颈套 选配：铅橡胶帽子	移动铅防护屏风
儿童受检者	铅橡胶性腺防护围裙（方形）或方巾、铅橡胶颈套 选配：铅橡胶帽子	
陪检者	铅橡胶防护衣	不做要求

C 臂机（骨科复位等设备旁）操作需配备哪些防护用品？

答：根据 GBZ 130—2020《放射诊断放射防护要求》，C 臂机（骨科复位等设备旁）操作需配备如表 8 所示的防护用品。

表 8 个人防护用品和辅助防护设施配置要求（八）

防护对象	个人防护用品	辅助防护设施
工作人员	铅橡胶围裙 选配：铅橡胶帽子、铅橡胶颈套、铅橡胶手套、铅防护眼镜	移动铅防护屏风
成人受检者	铅橡胶性腺防护围裙（方形）或方巾、铅橡胶颈套 选配：铅橡胶帽子	不做要求
儿童受检者	铅橡胶性腺防护围裙（方形）或方巾、铅橡胶颈套 选配：铅橡胶帽子	不做要求

DSA 介入放射学操作需配备哪些防护用品？

答：根据 GBZ 130—2020《放射诊断放射防护要求》，DSA 介入放射学操作需配备如表 9 所示的防护用品。

表 9 个人防护用品和辅助防护设施配置要求（九）

防护对象	个人防护用品	辅助防护设施
工作人员	铅橡胶围裙、铅橡胶颈套、铅防护眼镜、介入防护手套 选配：铅橡胶帽子	铅悬挂防护屏／铅防护吊帘、床侧防护帘／床侧防护屏 选配：移动铅防护屏风
成人受检者	铅橡胶性腺防护围裙（方形）或方巾、铅橡胶颈套 选配：铅橡胶帽子	不做要求

续表

防护对象	个人防护用品	辅助防护设施
儿童受检者	铅橡胶性腺防护围裙（方形）或方巾、铅橡胶颈套 选配：铅橡胶帽子	不做要求

核医学场所选址有什么要求？

答：根据 GBZ 120—2020《核医学放射防护要求》，在医疗机构内部区域选择核医学场址，应充分考虑周围场所的安全，不应邻接产科、儿科、食堂等部门，这些部门选址时也应避开核医学场所。尽可能做到相对独立布置或集中设置，宜有单独出、入口，出口不宜设置在门诊大厅、收费处等人群稠密区域。

核医学场所控制区和监督区如何划分？

答：根据 GBZ 120—2020《核医学放射防护要求》，核医学放射工作场所应划分为控制区和监督区。控制区一般包括使用非密封源核素的房间［放射性药物贮存室、分装及（或）药物准备室、给药室等］、扫描室、给药后候诊室、样品测量室、放射性废物储藏室、病房（使用非密封源治疗患者）、卫生通过间、保洁用品储存场所等。监督区一般包括控制室、员工休息室、更衣室、医务人员卫生间等。

核医学场所通风有什么要求？

答：根据 GBZ 120—2020《核医学放射防护要求》，核医学工作场所的通风系统独立设置，保持核医学工作场所良好的通风条件，合理设置工作场所的气流组织，遵循自非放射区向监督区再向控制区的流向设计，保持含放射性核素场所负压，以防止放射性气体交叉污染，保证工作场所的空气质量。合成和操作放射性药物所用的通风橱应有专用的排风装置，风速应不小于 0.5 m/s。排气口应高于本建筑物屋顶并安装专用过滤装置，排出空气浓度应达到环境主管部门的要求。

核医学场所周围剂量当量率防护水平有哪些要求？

答：根据 GBZ 120—2020《核医学放射防护要求》，对于核医学工作场所控制区的用房，应根据使用的核素种类、能量和最大使用量，给予足够的屏蔽防护。在核医学控制区外人员可达处，距屏蔽体外表面 0.3 m 处的周围剂量当量率控制目标值应不大于 2.5 μSv/h，控制区内屏蔽体外表面 0.3 m 处的周围剂量当量率控制目标值应不大于 25 μSv/h，宜不大于 2.5 μSv/h；对于核医学工作场所的分装柜或生物安全柜，应采取一定的屏蔽防护，以保证柜体外表面 5 cm 处的周围剂量当量率控制目标值应不大于 25 μSv/h；同时对在该场所及周围的公众和放射工作人员应满足个人剂量限值要求。

核医学场所放射性表面污染控制水平有哪些要求？

答：根据 GBZ 120—2020《核医学放射防护要求》，应根据使用核素的特点、操作方式以及潜在照射的可能性和严重程度，做好工作场所监测，包括场所周围剂量当量率水平、表面污染水平或空气中放射性核素浓度等内容。开展核医学工作的医疗机构应定期对放射性药物操作后表面污染水平进行自主监测，每年应委托有相应资质的技术服务机构进行检测。核医学工作场所的放射性表面污染控制水平见表10：

表 10　核医学工作场所的放射性表面污染控制水平

（单位：Bq/cm²）

表面类型		α 放射性物质		β 放射性物质
		极毒性	其他	
工作台、设备、墙面、地面	控制区 ª	4	4×10	4×10
	监督区	4×10^{-1}	4	4
工作服、手套、工作鞋	控制区、监督区	4×10^{-1}	4×10^{-1}	4
手、皮肤、内衣、工作袜		4×10^{-2}	4×10^{-2}	4×10^{-1}
a：该区内的高污染子区除外				

常见核医学场所应配备哪些个人防护用品？

答：根据 GBZ 120—2020《核医学放射防护要求》，开展核医学工作的医疗机构应根据工作内容，为工作人员配备合适的防护用品，其数量应满足开展工作需要。对陪检者应至少配备铅橡胶防护衣。当使用的 $^{99}Tc^{m}$ 活度大于 800 MBq 时，防护用品的铅当量应不小于 0.5 mmPb；对操作 ^{68}Ga、^{18}F 等正电子放射性药物和 ^{131}I 的场所，此时应考虑其他的防护措施，如穿戴放射性污染防护服、熟练操作技能、缩短工作时间、使用注射器防护套和先留置注射器留置针等措施。常见核医学场所个人防护用品配置如表 11 所示：

表 11 常见核医学场所个人防护用品配置要求

场所类型	工作人员	患者或受检者
普通核医学场所和 SPECT 场所	铅橡胶衣、铅橡胶围裙和放射性污染防护服、铅橡胶围脖 选配：铅橡胶帽、铅玻璃眼镜	—
使用正电子放射性药物和 131I 的场所	放射性污染防护服 选配：—	—
敷贴治疗场所	宜使用远距离操作工具 选配：有机玻璃眼镜或面罩	厚度不小于 3 mm 的橡皮泥或橡胶板等
粒子源植入场所	铅橡胶衣、铅玻璃眼镜、铅橡胶围裙或三角裤 选配：铅橡胶手套、铅橡胶围脖、0.25 mm 铅当量防护的三角裤或三角巾	对植入部位对应的体表进行适当的辐射屏蔽

注："—"表示不需要求，宜使用非铅防护用品

核医学场所常用的辅助用品和应急去污用品有哪些?

答: 根据 GBZ 120—2020《核医学放射防护要求》, 根据工作内容及实际需要, 合理选择使用移动铅屏风, 注射器屏蔽套, 带有屏蔽的容器、托盘、长柄镊子、分装柜或生物安全柜及屏蔽运输容器 / 放射性废物桶等辅助用品。应急去污用品主要包括: 一次性防水手套、气溶胶防护口罩、安全眼镜、防水工作服、胶鞋、去污剂和(或)喷雾(至少为加入清洗洗涤剂和硫代硫酸钠的水); 小刷子、一次性毛巾或吸水纸、毡头标记笔(水溶性油墨)、不同大小的塑料袋、酒精湿巾、电离辐射警告标志、胶带、标签、不透水的塑料布、一次性镊子。

核医学诊断中怎样保证正当性?

答: 根据 GBZ 120—2020《核医学放射防护要求》, 核医学诊断中可通过以下方法保证正当性:

(1)除有临床指征并必须使用放射性药物诊断技术外, 宜尽量避免对怀孕的妇女使用诊断性放射性药物; 若必须使用时, 应告知患者或受检者胎儿可能存在潜在风险。

（2）除有临床指征并必须使用放射性药物诊断技术外，应尽量避免对哺乳期妇女使用放射性药物；若必须使用时，应建议患者或受检者适当停止哺乳。

（3）除有临床指征并必须使用放射性药物诊断技术外，通常不宜对儿童实施放射性核素显像检查；若需对儿童进行这种检查，应减少放射性药物施用量，而且宜选择短半衰期的放射性核素。

核医学治疗中怎样保证正当性？

答：根据 GBZ 120—2020《核医学放射防护要求》，核医学治疗中可通过以下方法保证正当性：

（1）除非是挽救生命的情况，对怀孕的妇女不应实施放射性药物治疗，特别是含 ^{131}I 和 ^{32}P 的放射性药物。为挽救生命而进行放射性药物治疗时，应对胎儿接受剂量进行评估，并书面告知患者胎儿可能存在潜在风险。

（2）除非是挽救生命的情况，宜尽量避免对哺乳期妇女进行放射性药物治疗；若必须使用时，应建议患者或受检者适当停止哺乳。

核医学诊断中如何实现患者或受检者最优化？

答：根据 GBZ 120—2020《核医学放射防护要求》，核医学诊断中可通过以下方法实现患者或受检者最优化：

（1）对患者或受检者进行核医学诊断中应注意和采取如下最优化措施：

①使用放射诊断药物之前，应有确定患者或受检者身份、施药前患者或受检者的准备和施药程序等有关信息的程序，应确保给每例患者或受检者施用的放射性药物活度与处方量相符，并做好给药记录；

②对每个诊断程序应适当考虑与该程序有关的核医学诊断参考水平；

③应适当选择准直器、能量窗、矩阵尺度、采集时间和放大因子等，以及单光子发射计算机断层成像（SPECT）或正电子发射计算机断层扫描（PET）的有关参数和放大因子；

④采用动态分析时，为获取最佳品质影像，也应适当选取帧的数量、时间间隔等参数；

⑤在实施诊断后，尤其是在检查后的短时间内，应鼓励患者或受检者（特别是儿童）多饮水、多排泄，以

加快排出放射性药物。

（2）采用 $^{99}Tc^{m}$ 及其放射性药物对孕妇进行核医学诊断时，可直接采用较小的施用药量和延长成像时间来进行优化，此时通常不需要估算胎儿受照剂量；放射性碘等放射性核素易于穿过胎盘屏障，从而引起胎儿摄入，这时应对胎儿受照剂量进行评估，以避免造成事故性照射。

（3）仅当有明显的临床指征时，才可以对儿童实施放射性核素显像检查，并应根据患儿的体重、身体表面积或其他适用的准则尽可能减少放射性药物施用量，选择半衰期尽可能短的放射性核素。

核医学治疗中如何实现患者或受检者最优化？

答：根据 GBZ 120—2020《核医学放射防护要求》，核医学治疗中可通过以下方法实现患者或受检者最优化：

（1）告知已接受放射性药物治疗的妇女在一段时期内避免怀孕。

（2）已接受 ^{131}I（碘化物）、^{32}P（磷酸盐）或 ^{89}Sr（氯化锶）治疗的男性宜采取避孕措施 4 个月。

（3）在对患者进行核医学治疗时，应采用以下最优化措施：

①在使用放射治疗药物之前，应有确定患者身份、施药前患者的准备和施药程序等有关信息的程序。

②在给妇女使用放射性药物前，应询问确认患者是否怀孕或哺乳。

③除非是挽救生命的情况，孕妇不应接受放射性药物治疗，特别是含 ^{131}I 和 ^{32}P 的放射性药物；放射性药物治疗，通常应在结束怀孕和哺乳期后进行；为挽救生命而进行放射性药物治疗时，若胎儿接受剂量不超过 100 mGy，可以不终止怀孕。

④要特别注意防止由于患者的呕吐物和排泄物造成的放射性污染。

⑤当需要进行患者剂量估算时，宜由具备专门知识的人员对每次治疗所致患者辐射剂量进行评估并予以记录，特别是婴儿和胎儿所受剂量。

核医学诊疗中如何做好放射性废物的放射防护管理工作？

答：根据 GBZ 120—2020《核医学放射防护要求》，

应按以下要求进行核医学放射性废物管理工作：

（1）放射性废物分类，应根据医学实践中产生的废物的形态及其中的放射性核素的种类、半衰期、活度水平和理化性质等，将放射性废物进行分类收集和分别处理。

（2）设废物储存登记表，记录废物的主要特性和处理过程，并存档备案。

（3）放射性废液衰变池应合理布局，池底和池壁应坚固、耐酸碱腐蚀和无渗透性，并有防泄漏措施。

（4）开展放射性药物治疗的医疗机构，应为住院治疗患者或受检者提供有防护标志的专用厕所，专用厕所应具备使患者或受检者排泄物迅速全部冲入放射性废液衰变池的条件，而且随时保持便池周围清洁。

（5）供收集废物的污物桶应具有外防护层和电离辐射警示标志。在注射室、注射后病人候诊室、给药室等位置放置污物桶。

（6）污物桶内应放置专用塑料袋直接收纳废物，装满后的废物袋应密封，不破漏，及时转送存储室，放入专用容器中存储。

（7）对注射器和碎玻璃器皿等含尖刺及棱角的放射

性废物，应先装入利器盒中，然后再装入专用塑料袋内。

（8）每袋废物的表面剂量率应不超过 0.1 mSv/h，质量不超过 20 kg。

（9）储存场所应具有通风设施，出入处设电离辐射警告标志。

（10）废物袋、废物桶及其他存放废物的容器应安全可靠，并在显著位置标有废物类型、核素种类、比活度水平和存放日期等说明。废物包装体外表面的污染控制水平：$\beta < 0.4 \ Bq/cm^2$。

放射治疗工作场所的布局有什么要求？

答：根据 GBZ 121—2020《放射治疗放射防护要求》，放射治疗工作场所的布局应满足以下要求：

（1）放射治疗设施一般单独建造或建在建筑物底部的一端；放射治疗机房及其辅助设施应同时设计和建造，并根据安全、卫生和方便的原则合理布置。

（2）放射治疗工作场所应分为控制区和监督区。治疗机房、迷路应设置为控制区；其他相邻的、不需要采取专门防护手段和安全控制措施，但需经常检查其职业照射条件的区域设为监督区。

（3）治疗机房有用线束照射方向的防护屏蔽应满足主射线束的屏蔽要求，其余方向的防护屏蔽应满足漏射线及散射线的屏蔽要求。

（4）治疗设备控制室应与治疗机房分开设置，治疗设备辅助机械、电器、水冷设备，凡是可以与治疗设备分离的，尽可能设置于治疗机房外。

（5）应合理设置有用线束的朝向，直接与治疗机房相连的治疗设备的控制室和其他居留因子较大的用室尽可能避开被有用线束直接照射。

（6）X射线管治疗设备的治疗机房、术中放射治疗手术室可不设迷路；γ刀治疗设备的治疗机房，根据场所空间和环境条件，确定是否选用迷路；其他治疗机房均应设置迷路。

（7）使用移动式电子加速器的手术室应设在医院手术区的一端，并和相关工作用房（如控制室或专用于加速器调试、维修的储存室）形成一个相对独立区域；移动式电子加速器的控制台应与移动式电子加速器机房分离，实行隔室操作。

¹²⁵I 生产使用场所放射防护检测时可选择哪些仪器？

答：¹²⁵I γ 射线能量平均 28.37 keV，最小 27.20 keV。在选择辐射剂量监测仪器时应满足能量响应，目前商用的辐射剂量监测仪器可选择多功能辐射监测仪 RED-100（10 keV ~ 7 MeV）、451P（15 keV ~ 10 MeV）、AT1123（> 25 keV）等。

放射治疗机房空间和通风有哪些要求？

答：根据 GBZ 121—2020《放射治疗放射防护要求》，放射治疗机房应有足够的有效使用空间，以确保放射治疗设备的临床应用需要；放射治疗机房应设置强制排风系统，进风口应设在放射治疗机房上部，排风口应设在治疗机房下部，进风口与排风口位置应对角设置，以确保室内空气充分交换，每小时通风换气次数应不少于 4 次。

放射治疗场所安全装置和警示标志有哪些要求？

答：根据 GBZ 121—2020《放射治疗放射防护要求》，含放射源的放射治疗机房内应安装固定式剂量监测报警装置，应确保其报警功能正常；放射治疗设备都应安装门机联锁装置或设施，治疗机房应有从室内开启治疗机房门的装置，防护门应有防挤压功能；医疗机构应当对放射治疗设备和场所设置醒目的电离辐射警告标志及工作状态指示灯；放射治疗设备控制台上以及机房内不同方向的墙面、入口门内旁侧和控制台等处应设置急停开关；γ 源后装治疗设施应配备应急储源器，中子源后装治疗设施应配备符合需要的应急储源水池；控制室应设有在治疗过程中观察患者状态、治疗床和迷路区域情况的视频装置，还应设置对讲交流系统，以便操作者和患者之间进行双向交流。

放射治疗操作中的放射防护要求有哪些？

答：根据 GBZ 121—2020《放射治疗放射防护要求》，放射治疗操作中的放射防护要求如下：

（1）对于高于 10 MV X 射线治疗束和质子重离子治疗束的放射治疗，除考虑中子放射防护外，在日常操作中还应考虑感生放射线的放射防护；

（2）后装放射治疗操作中，当自动回源装置功能失效时，应有手动回源的应急处理措施；

（3）操作人员应遵守各项操作规程，认真检查安全联锁，保障安全联锁正常运行；

（4）工作人员进入涉放射源的放射治疗机房时应佩戴个人剂量报警仪；

（5）实施治疗期间，应有两名及以上操作人员协同操作，认真做好当班记录，严格执行交接班制度，密切注视控制台仪器及患者状况，发现异常及时处理，操作人员不应擅自离开岗位。

放射治疗中哪些情况可视为异常照射事件？

答：根据 GBZ 121—2020《放射治疗放射防护要求》，以下情况为异常照射事件：

（1）任何剂量或剂量的分次给予与执业医师处方明显不同；

（2）任何治疗设备故障、事故、操作错误或受到其他非正常照射导致患者受照与预期明显不同的情况。

对异常照射事件的调查和处置应包括哪些内容？

答：根据 GBZ 121—2020《放射治疗放射防护要求》，对异常照射事件的调查和处置应包括下述内容：

（1）估算患者接受的剂量及其在体内的分布；

（2）立即实施防止此类事件再次发生所需的纠正措施；

（3）实施所有相关责任人自己负责的所有纠正措施；

（4）在调查后，尽快向监管机构提交一份书面报告，说明事件原因并包括（1）~（3）的相关资料；

（5）将事件的有关情况告知患者。

对怀孕或者可能怀孕的妇女进行放射治疗时应注意什么？

答：根据 GBZ 121—2020《放射治疗放射防护要求》，除有明确的临床需要外，应避免对怀孕或可能怀孕的妇女施行腹部或骨盆受照射的放射治疗；若确有临床需要，对孕妇施行的任何放射治疗应周密计划，以使胚胎或胎儿所受到的照射剂量减至最小。

加速器治疗工作场所防护测量仪器应满足哪些要求？

答：根据 GBZ 121—2020《放射治疗放射防护要求》，加速器治疗工作场所防护测量仪器要求如下：

（1）应能适应脉冲辐射剂量场测量，推荐 X 射线剂量测量选用电离室探测器的仪表。对 X 射线治疗束在 10 MV 以上的设备，应配备测量中子剂量的仪器。

（2）仪器应有良好的能量响应。

（3）最低可测读值应不大于 $0.1\,\mu Sv/h$。

（4）宜能够测量辐射剂量率和累积剂量。

（5）需经计量检定或校准，并在检定有效期内使用。

术中放射治疗工作场所防护测量仪器应满足哪些要求？

答：根据 GBZ 121—2020《放射治疗放射防护要

求》，术中放射治疗工作场所防护测量仪器要求如下：

（1）应能适应脉冲辐射剂量场测量，推荐 X 射线剂量测量选用电离室探测器的仪表。对 X 射线治疗束在 10 MV 以上的设备，应配备测量中子剂量的仪器。

（2）仪器应有良好的能量响应。

（3）最低可测读值应不大于 $0.1\,\mu Sv/h$。

（4）宜能够测量辐射剂量率和累积剂量。

（5）需经计量检定或校准，并在检定有效期内使用。

（6）所有检测均需使用测试模体，测试模体可以直接使用移动式电子加速器随机自带的质量保证模体或几何尺寸不小于质量保证模体的水模。

含放射源放射治疗工作场所防护测量仪器应满足哪些要求？

答：根据 GBZ 121—2020《放射治疗放射防护要求》，含放射源放射治疗工作场所防护测量仪器要求如下：周围剂量当量率检测设备应使用在检定或校准周期范围内的 γ 射线和中子剂量率检测设备检测。探测下限应不大于 $0.1\,\mu Sv/h$。

质子重离子放射治疗工作场所防护测量仪器应满足哪些要求？

答：根据 GBZ 121—2020《放射治疗放射防护要求》，质子重离子放射治疗工作场所防护测量仪器要求如下：

（1）仪器应能适应脉冲辐射场测量，推荐 γ 射线周围剂量当量测量选用电离室探测器的仪器，不宜使用 GM 计数管仪器；

（2）中子及 γ 射线检测仪器的能量响应应分别适合放射治疗机房外的中子及 γ 射线的辐射场；

（3）最低可测读值应不大于 0.1 μSv/h；

（4）宜能够测量周围剂量当量率和累积剂量；

（5）尽可能选用对中子响应低的 γ 射线剂量仪和对 γ 射线响应低的中子剂量仪；

（6）需经计量检定或校准，并在有效期内使用。

第四部分
工业辐射篇

生产、销售、使用放射性同位素和射线装置的单位申请领取许可证，应当具备什么条件？

答：根据《放射性同位素与射线装置安全和防护条例》，生产、销售、使用放射性同位素和射线装置的单位申请领取许可证，应当具备以下条件：

（1）有与所从事的生产、销售、使用活动规模相适应的，具备相应专业知识和防护知识及健康条件的专业技术人员；

（2）有符合国家环境保护标准、职业卫生标准和安全防护要求的场所、设施和设备；

（3）有专门的安全和防护管理机构或者专职、兼职安全和防护管理人员，并配备必要的防护用品和监测仪器；

（4）有健全的安全和防护管理规章制度、辐射事故应急措施；

（5）产生放射性废气、废液、固体废物的，具有确保放射性废气、废液、固体废物达标排放的处理能力或者可行的处理方案。

工业X射线探伤室探伤时应怎样进行安全操作？

答：根据 GBZ 117—2015《工业 X 射线探伤放射防护要求》，X 射线探伤室探伤时应至少进行如下安全操作：

（1）探伤工作人员进入探伤室时除佩戴个人剂量计外，还应配备个人剂量报警仪。当辐射水平达到设定的报警水平时，剂量仪报警，探伤工作人员立即离开探伤室，同时阻止其他人进入探伤室，并立即向辐射防护负责人报告。

（2）定期测量探伤室外周围区域辐射水平或环境的周围剂量当量率。

（3）交接班或当班使用剂量仪前，检查剂量仪是否正常工作。

（4）正确使用配备的辐射防护装置，把潜在的辐射降到最低。

（5）在每次照射前，操作人员都应该确认探伤室内部没有人员驻留并关闭防护门。只有在防护门关闭、所有防护与安全装置系统都启动并且正常运行的情况下，才能开始探伤工作。

工业 X 射线探伤室周围辐射水平定点检测时如何检测及布点？

答：根据 GBZ 117—2015《工业 X 射线探伤放射防护要求》，一般关注以下各位置：

（1）通过巡测发现的辐射水平异常高的位置；

（2）探伤室门外 30 cm 离地面高度为 1 m 处，门的左、中、右侧 3 个点和门缝四周；

（3）探伤室墙外或邻室墙外 30 cm 离地面高度为 1 m 处，每个墙面至少测 3 个点；

（4）人员可能到达的探伤室屋顶或者探伤室上层外

30 cm 处，至少包括主射束到达范围的 5 个检测点；

（5）人员经常活动的位置；

（6）每次探伤结束后，应检测探伤室的入口，以确保 X 射线探伤机已停止工作。

工业 X 射线现场探伤时如何进行作业分区？

答：根据 GBZ 117—2015《工业 X 射线探伤放射防护要求》，工业 X 射线现场探伤时应按以下方式进行作业分区：

（1）探伤作业时，应对工作场所实施分区管理，并在相应的边界设置警示标识。

（2）一般应将作业场所中周围剂量当量率大于 15 μSv/h 的范围划为控制区。

（3）控制区边界应悬挂清晰可见的"禁止进入 X 射线区"警告牌，探伤作业人员在控制区边界外操作，否则应采取专门的防护措施。

（4）现场探伤作业工作过程中，控制区内不应同时进行其他作业。为了使控制区的范围尽量小，X 射线探伤机应用准直器，视情况采用局部屏蔽措施（如铅板）。

（5）控制区的边界尽可能设置实体屏障，包括利用现有结构（如墙体）、临时屏障或临时拉起警戒线（绳）等。

（6）应将控制区边界外、作业时周围剂量当量率大于 2.5 μSv/h 的范围划为监督区，并在其边界上悬挂清晰可见的"无关人员禁止入内"警告牌，必要时设专人警戒。

（7）现场探伤工作在多楼层的工厂或工地实施时，应防止现场探伤工作区上层或者下层的人员通过楼梯进入控制区。

（8）探伤机控制台应设置在合适位置或设有延时开机装置，以便尽可能降低操作人员的受照剂量。

工业 X 射线现场探伤时应设置哪些安全警告信息？

答：根据 GBZ 117—2015《工业 X 射线探伤放射防护要求》，工业 X 射线现场探伤时应设置以下安全警告信息：

（1）应有显示"预备"和"照射"状态的指示灯和

声音提示装置。"预备"信号和"照射"信号应有明显的区别，并与该工作场所使用的其他报警信号有明显区别。

（2）警示信号指示装置应与探伤机联锁。

（3）在控制区的所有边界都应能清楚地听见或者看见"预备"和"照射"信号。

（4）应在监督区边界和建筑物进出口的醒目位置张贴电离辐射警示标识和警告语句等提示信息。

工业 X 射线现场探伤时应怎样进行安全操作?

答：根据 GBZ 117—2015《工业 X 射线探伤放射防护要求》，X 射线现场探伤时应进行以下安全操作：

（1）现场探伤工作人员除佩戴个人剂量计外，还应配备个人剂量报警仪。

（2）周向式探伤机用于现场探伤时，应将 X 射线管头组装体置于被探伤物件内部进行透照检查。做定向照射时应使用准直器。

（3）应考虑控制器与 X 射线管和被检物体的距离、照射方向、时间和屏蔽条件等因素，选择最佳的设备布置，并采取适当的防护措施。

工业 γ 射线探伤机照射容器周围的剂量限值是多少？

答：根据 GBZ 132—2008《工业 γ 射线探伤放射防护标准》，工业 γ 射线探伤机的照射容器周围的空气比释动能率不超过表 12 所示的限值。

表 12　照射容器周围空气比释动能率控制值

探伤机类别与代号		距容器外表面不同距离处空气比释动能率控制值（mGy/h）		
		0 cm	5 cm	100 cm
手提式	P	2	0.5	0.02
移动式	M	2	1	0.05
固定式	F	2	1	0.1

工业 γ 射线探伤室周围剂量控制水平是多少？

答：根据 GBZ 132—2008《工业 γ 射线探伤放射防护标准》，探伤室内在进行屏蔽墙设计时剂量约束值可取 0.1~0.3 mSv/a（a 代表"年"），探伤室墙外 30 cm 处空气比释动能率不大于 2.5 μGy/h。

工业 γ 射线探伤室安全设施应达到哪些要求?

答: 根据 GBZ 132—2008《工业 γ 射线探伤放射防护标准》, 探伤室安全设施应达到以下要求:

(1) 应安装门 - 机联锁装置和工作指示灯; 探伤室入口处必须有固定的电离辐射警告标志; 探伤室入口处及被探伤物件出入口处必须设置声光报警装置, 该装置在 γ 射线探伤机工作时应自动接通以给出声光警示信号。

(2) 应在屏蔽墙内外合适位置上设置紧急停止按钮, 并给出清晰的标记和说明。

(3) 应配置固定式辐射检测系统, 并与门 - 机联锁相联系。同时配置便携式辐射测量仪和个人剂量报警仪。

(4) 定期对探伤室的门 - 机联锁、紧急停止按钮、出束信号指示灯等安全措施进行检查。

工业 γ 射线探伤室探伤时有哪些安全操作要求?

答: 根据 GBZ 132—2008《工业 γ 射线探伤放射防护标准》。γ 射线探伤室探伤时应具有下列安全操作要求：

（1）探伤工作人员进入探伤室时除佩戴个人剂量计外，还应配备个人剂量报警仪和便携式剂量测量仪；

（2）每次工作前，探伤人员应检查安全装置、联锁装置的性能及警告信号、标志的状态，只有确认探伤室内无人且门已关闭，所有安全装置起作用并给出启动信号后才能启动照射。

工业 γ 射线探伤的放射源存储设施应达到哪些要求？

答：根据 GBZ 132—2008《工业 γ 射线探伤放射防护标准》，工业 γ 射线探伤的放射源存储设施应达到以下要求：

（1）严格限制对周围人员的照射，防止放射源被盗或损坏，并能防止非授权人员采取任何损伤自己或公众的行动，储存设施外应有警告提示；

（2）应能在常规环境条件下使用，结构上防火，远离腐蚀性和爆炸性危险因素等；

（3）如其外表面能接近公众，其屏蔽应能使设施外表面的空气比释动能率小于 2.5 μSv/h 或者审管部门批准的水平；

（4）门应保持在锁紧状态，钥匙仅由授权人员掌管；

（5）定期检查物品清单，确认探伤源、源容器和控制源的存放地点。

工业 γ 射线现场探伤时如何分区？

答：根据 GBZ 132—2008《工业 γ 射线探伤放射防护标准》，γ 射线现场探伤作业时，应对工作场所实行分区管理，并设置相应的边界警告标识；控制区边界空气比释动能率低于 15 μGy/h，监督区位于控制区之外，监督区边界空气比释动能率不大于 2.5 μGy/h。

工业 γ 射线探伤事故应急时应具备哪些条件？

答：根据 GBZ 132—2008《工业 γ 射线探伤放射防护标准》，工业 γ 射线探伤事故应急时应具备以下条件：

（1）γ 射线探伤应用单位应成立应急组织，并明确参与应急准备与响应的每个人、小组或组织的角色和责任。

（2）γ射线探伤应用单位应制订出合适的应急预案及其中必要的应急程序，应急预案和程序应简单、容易理解，且尽可能减少源对附近人员的照射。应指明需要采取的应急行动及其主要特征和必需物品。

（3）应急程序中应确定参与应急响应的人员，如辐射防护负责人、审管机构、临床医生、制造商、应急服务组织、合格专家和其他人员，并包括其姓名、电话号码等必要信息。

（4）应制订应急计划培训、演习计划，定期对人员进行培训和演习，提高执行应急程序的能力。

（5）γ射线探伤应用单位应保证对外联络畅通，以确保与公安、消防和医学救治部门的联络。

（6）γ射线探伤应用单位应配备适当的应急响应设备。

工业 γ 射线探伤应用单位应配置哪些应急响应设备？

答：根据 GBZ 132—2008《工业 γ 射线探伤放射防护标准》，工业 γ 射线探伤应用单位应配置以下应急响应设备：

（1）放射测量设备：

①能测量剂量率直到数 Sv/h 的宽范围 γ 射线测量仪；

②环境水平测量仪；

③污染监测仪或探测器；

④测量仪的检验源。

（2）人员防护设备：

①应急响应成员直读式剂量仪；

②应急响应人员个人剂量计；

③防护工装裤、套鞋和手套；

④急救箱。

（3）通信设备：手提式通信设备。

（4）供给：

①合适的屏蔽物；

②至少 1.5 m 长的夹钳，适合于处理源组装体；

③屏蔽容器；

④合适的处理工具；

⑤放射警告标志和标签；

⑥防止设备污染的塑料；

⑦记录簿。

（5）支持文件：

①设备操作手册；

②分类响应程序；

③监测的程序；

④人员辐射防护程序。

γ射线工业CT操作中的放射防护要求有哪些？

答：根据GBZ 175—2006《γ射线工业CT放射卫生防护标准》，γ射线工业CT操作中的放射防护要求如下：

（1）在每天启动工业CT设备前，操作人员应先检查安全联锁、监视与警示装置，确认其处于正常状态；

（2）每天工业CT设备工作结束之后，使用单位辐射安全管理人员应取下开源钥匙并妥善保管，未经许可不得使用；

（3）一旦发现设备异常情况，应立刻停机并关闭射线束，在未查明原因和维修结束前，不得开启放射源。

（4）工业CT设备的操作人员应经工业CT设备操作

培训取得合格证，并经法定部门的辐射防护安全培训取得相应资格后，方可上岗操作；

（5）对源塔进行调试和维修，工作人员除佩戴个人剂量计外，还必须携带剂量报警仪；

（6）在设备的调试和维修过程中，如果必须解除安全联锁，须经负责人同意并有专人监护，并应在源塔、检测室的入口等关键处设置醒目的警示牌，工作结束之后，先恢复安全联锁并经确认系统正常后才能使用。

含密封源仪表在不同场所使用时对周围辐射剂量控制要求是多少？

答：根据 GBZ 125—2009《含密封源仪表的放射卫生防护要求》，含密封源仪表在不同场所使用时对周围辐射剂量控制要求如下：

（1）对人员的活动范围不限制：周围剂量当量率控制水平为距离 5 cm 处小于 2.5 μSv/h，距离 100 cm 处小于 0.25 μSv/h。

（2）在距离源容器外表面 1 m 的区域内很少有人停留：周围剂量当量率控制水平为距离 5 cm 处应满足大于

等于 2.5 μSv/h 且小于 25 μSv/h，距离 100 cm 处应满足大于等于 0.25 μSv/h 且小于 2.5 μSv/h。

（3）在距离源容器外表面 3 m 的区域内不可能有人进入，或放射工作场所设置了监督区（监督区边界剂量率为 2.5 μSv/h）：周围剂量当量率控制水平为距离 5 cm 处应满足大于等于 25 μSv/h 且小于 250 μSv/h，距离 100 cm 处应满足大于等于 2.5 μSv/h 且小于 25 μSv/h。

（4）只能在特定的放射工作场所使用，并按控制区和监督区分区管理：周围剂量当量率控制水平为距离 5 cm 处应满足大于等于 250 μSv/h 且小于 1 000 μSv/h，距离 100 cm 处应满足大于等于 25 μSv/h 且小于 100 μSv/h。

含密封源仪表源容器外表面应包含哪些信息？

答：根据 GBZ 125—2009《含密封源仪表的放射卫生防护要求》，含密封源仪表源容器外表面应有符合标准规定的电离辐射标志、核素的化学符号和质量数、密封源活度及活度测量日期、制造厂家、出厂日期、产品型号和系列号、符合标准规定的检测仪表的类别和安全性能等级的代号。

在检修检测时含密封源的源容器临时存放应满足哪些要求?

答: 根据 GBZ 125 — 2009《含密封源仪表的放射卫生防护要求》, 在检修检测时含密封源的源容器临时存放应满足以下要求:

(1)具有防盗、防火、防爆、防腐蚀、防潮湿的贮存条件,按安全保卫审管要求设置防盗锁等安全措施;

(2)由经授权的专人管理,建立收贮台账和定期清点制度,建立领取、借出收回登记和安全状态检查、剂量测量制度;

(3)具有屏蔽防护措施,使非放射工作人员可能到达的任何位置上的周围剂量当量率小于 2.5 μSv/h;

(4)密封源存放处应设有醒目的"电离辐射警告标志"。

含密封源仪表在使用过程中应满足哪些要求?

答: 根据 GBZ 125 — 2009《含密封源仪表的放射卫生防护要求》, 含密封源仪表在使用过程中应满足以下要求:

（1）在许可的范围内使用检测仪表和其密封源，建立台账，按国家法规建立管理制度；

（2）新购入的检测仪表应按本标准进行放射防护与安全验收检验；

（3）源容器应安装牢固、可靠，并采取安保措施防止丢失密封源，阻止人员进入源容器与受检物之间的有用线束区域；

（4）涉及密封源的安装、检查、维修的操作人员必须熟悉源容器的结构，掌握放射防护技能，并得到操作授权；

（5）在监督区内的放射工作人员、各类检测仪表放射源换装和维修时的放射工作人员，应按 GBZ 128 进行个人剂量监测；

（6）退役的密封源应按照放射性危险物品严格管理，退回生产厂家或转送退役源保管部门，并有永久档案。

含密封源仪表事故应急要求有哪些？

答：根据 GBZ 125—2009《含密封源仪表的放射卫生防护要求》，含密封源仪表事故应急要求如下：

（1）根据可能发生的放射事故风险，按 GBZ/T 208 判断危险指数和相应的放射源危险分类，为事故应急准备提供依据；

（2）根据生产、使用、贮存密封源和检测仪表的情况及可能发生的放射事故风险，按国家规定的放射事故分类要求，制定相应的放射事故应急预案，做好应急准备；

（3）发生放射源丢失、失控以及其他放射事故时，应立即启动本单位的应急预案，采取应急措施，保护好事故现场，防止事故进一步扩大，并立即向当地辐射安全监管部门报告；

（4）配合监管部门处置放射事故，直至消除事故的危险状况，并做好事故结案。

密封源贮存时的放射防护要求有哪些？

答：根据 GBZ 114—2006《密封放射源及密封 γ 放射源容器的放射卫生防护标准》，密封源贮存时的放射防护要求如下：

（1）使用单位应有密封源的账目，设立领存登记、状态核查、定期清点、钥匙管理等防护措施；

（2）根据密封源类型、数量及总活度，应分别设计安全可靠的贮源室、贮源柜、贮源箱等相应的专用贮源设备；

（3）贮源室应符合防护屏蔽设计要求，确保周围环境安全，贮源室应有专人管理；

（4）有些贮源室应建造贮源坑，根据存放密封源的最大设计容量确定贮源坑的防护设施，贮源坑应保持干燥；

（5）贮源室应设置醒目的电离辐射警示标志，严禁无关人员进入；

（6）贮源室应有足够的使用面积，便于密封源存取，并应保持良好的通风和照明；

（7）贮源室以及贮源柜、贮源箱等均应有防火、防水、防爆、防腐蚀与防盗安全设施等；

（8）无使用价值或不继续使用的退役密封源应退回生产厂家。

密封源操作时的放射防护要求有哪些？

答：根据 GBZ 114—2006《密封放射源及密封 γ 放射源容器的放射卫生防护标准》，密封源操作时的放射防护要求如下：

（1）密封源操作和管理人员上岗前应接受有关放射防护的职业卫生培训，掌握一定的安全防护知识和技能，并经考核合格；

（2）应根据密封源的数量和活度，按放射防护最优化原则，充分考虑时间、距离、屏蔽设施等因素，采取各种有效的职业病危害防护措施，必要时应对防护措施进行职业病危害（放射防护）评价，使工作人员受照剂量控制在可合理达到的尽可能低的水平；

（3）操作密封源应根据其类型和活度，使用相应的工具和屏蔽设施；

（4）密封源更换容器时，应有放射防护人员进行现场监测，必要时获得合格专家的现场指导；

（5）使用密封源装置进行作业时（包括野外作业），应把放射工作场所划分为控制区和监督区，并采取相应的防护管理措施；

（6）作为主要责任方，密封源使用单位对可能发生的密封源事故应有预防和应急救援措施；

（7）作为主要责任方，密封源使用单位应至少每年进行一次密封源设备防护性能及安全设施检验，如发现污染或泄漏，应立即采取措施，详细记录检验结果，妥善保管归档。

密封源运输时的放射防护要求有哪些？

答：根据 GBZ 114—2006《密封放射源及密封 γ 放射源容器的放射卫生防护标准》，密封源运输时的放射防护要求如下：

（1）密封源运输车辆不得混装易燃、易爆危险品等。

（2）密封源运输车应具备防止密封源丢失、颠翻散落或被盗等的安全设施。

（3）密封源到货后应进行包装箱表面污染辐射水平及剂量率监测，核对检测结果与供货单位提供的产品合格证书是否相符。

（4）装载密封 γ 放射源的运输容器应设有能证明确定未被开启的"铅封"之类标志物。

（5）常规运输条件下，在交通工具外表面任意一点辐射的空气比释动能率不得超过 2 mGy/h，在距其表面 2 m 处的任意一点不得超过 0.1 mGy/h。

（6）专载运输条件下，在车辆外表面任意一点或车辆外缘垂直投影面上，在货包表面和车辆下部外表面任意一点辐射的空气比释动能率不得超过 2 mGy/h；距车辆外侧面 2 m 处任意一点或在离车辆外缘垂直平面外 2 m 远的任意一点辐射的空气比释动能率不得超过 0.1 mGy/h。

货物 / 车辆辐射检查系统辐射工作场所怎样进行分区？

答：根据 GBZ 143—2015《货物 / 车辆辐射检查系统的放射防护要求》，辐射工作场所按以下方法进行分区：

（1）对无司机驾驶的货运车辆或货物的检查系统，应将辐射源室及周围剂量当量率大于 40 μSv/h 的区域划定为控制区。控制区以外的周围剂量当量率大于 2.5 μSv/h 的区域划定为监督区。

（2）对有司机驾驶的货运车辆的检查系统，应将辐射源室及有用线束区两侧距中心轴不小于 1 m 的区域划定为控制区。控制区以外的周围剂量当量率大于 2.5 μSv/h 的区域划定为监督区。

（3）对有司机驾驶的货运列车的检查系统，应将辐射源室及有用线束区两侧距中心轴不小于 10 m 的区域划定为控制区。控制区以外的周围剂量当量率大于 2.5 μSv/h 的区域划定为监督区。

（4）与辐射源安装在同一辆车上的系统控制室划定为监督区。

X 射线衍射仪和荧光分析仪的辐射屏蔽空气比释动能率控制水平要求是多少？

答：根据 GBZ 115—2002《X 射线衍射仪和荧光分析仪卫生防护标准》，分析仪（二者统称）的辐射屏蔽要求如下：

（1）当源套安装在分析仪的机壳或防护罩内时，在最大工作条件下，距源套外表面 5 cm 的任何位置，射线的空气比释动能率不得超过 25 μGy/h；

（2）人体可能到达的距闭束型分析仪一切外表面

（包括高压电源、分析仪外壳等）5 cm 的位置、距敞束型分析仪的防护罩、遮光器外表面 5 cm 的任何位置，射线的空气比释动能率不得超过 2.5 μGy/h。

X 射线行李包检查系统有哪些放射防护技术要求？

答：根据 GBZ 127—2002《X 射线行李包检查系统卫生防护标准》，X 射线行李包检查系统放射防护技术要求如下：

（1）系统产生辐射时，距其外表面 5 cm 任意一点的空气比释动能率不得超过 5 μGy/h；

（2）系统通道口处铅胶帘单片防护厚度不小于 0.35 mm 铅当量；

（3）系统的门和盖板都应具有安全联锁；

（4）接地故障将不应导致系统产生 X 射线；

（5）系统顶板上应永久安装通电指示灯和 X 射线发射指示灯；

（6）系统用钥匙开启控制器应确保在钥匙取下后系统不产生 X 射线；

（7）应确保系统安全的原始设计不被修改和变更。

X射线行李包检查系统使用中应满足哪些放射防护要求？

答：根据GBZ 127—2002《X射线行李包检查系统卫生防护标准》，X射线行李包检查系统使用中的放射防护要求如下：

（1）不允许身体的任何部位通过通道口和窗口进入射线束内；

（2）使用中遇到紧急情况，应按急停按钮，使系统停止运行；

（3）发现通电指示灯和X射线指示灯不能正常工作，应立即停机修复；

（4）系统安全联锁和电气性能应定期维修保养和检验，防止事故的发生；

（5）系统通道口处铅胶帘应保持完整，对破损铅胶帘应及时更换；

（6）系统维修时应断电，在恢复安全联锁后，通过强制按钮进行调试。

第五部分
辐射事故应急处理

什么是辐射事故？具体分为哪些等级？

答：根据《放射性同位素与射线装置安全和防护条例》，辐射事故是指放射源丢失、被盗、失控，或者放射性同位素和射线装置失控，导致人员受到意外的异常照射。根据辐射事故的性质、严重程度、可控性和影响范围等因素，从重到轻将辐射事故分为特别重大辐射事故、重大辐射事故、较大辐射事故和一般辐射事故四个等级。

什么是特别重大辐射事故？

答：根据《放射性同位素与射线装置安全和防护条例》，特别重大辐射事故是指Ⅰ类、Ⅱ类放射源丢失、被盗、失控造成大范围严重辐射污染后果，或者放射性同位素和射线装置失控导致 3 人以上（含 3 人）急性死亡。

什么是重大辐射事故？

答：根据《放射性同位素与射线装置安全和防护条例》，重大辐射事故是指 I 类、II 类放射源丢失、被盗、失控，或者放射性同位素和射线装置失控导致 2 人以下（含 2 人）急性死亡或者 10 人以上（含 10 人）急性重度放射病、局部器官残疾。

什么是较大辐射事故？

答：根据《放射性同位素与射线装置安全和防护条例》，较大辐射事故是指 III 类放射源丢失、被盗、失控，或者放射性同位素和射线装置失控导致 9 人以下（含 9 人）急性重度放射病、局部器官残疾。

什么是一般辐射事故？

答：根据《放射性同位素与射线装置安全和防护条例》，一般辐射事故是指 IV 类、V 类放射源丢失、被盗、失控，或者放射性同位素和射线装置失控导致人员受到超过年剂量限值的照射。

发生辐射事故时用人单位应如何处置？

答：根据《放射性同位素与射线装置安全和防护条例》，发生辐射事故时，单位应当立即启动本单位的应急方案，采取应急措施，并立即向当地生态环境主管部门、公安部门、卫生主管部门报告。生态环境主管部门负责辐射事故的应急响应、调查处理和定性定级工作，协助公安部门监控追缴丢失、被盗的放射源；公安部门负责丢失、被盗放射源的立案侦查和追缴；卫生主管部门负责辐射事故的医疗应急。

目前辐射事故剂量估算方法有哪些？

答：目前，在辐射事故中，国内外较为常用的剂量估算方法为蒙特卡罗模拟重建法、染色体分析法（估算模型示例如下图所示）、电子顺磁共振（EPR）剂量重建法（牙釉质等材料），以及利用拟人模体测量法，利用无人机、立体空间多功能辐射探测系统测量法等。

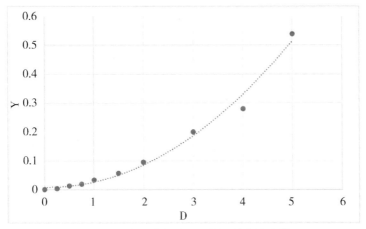

双着丝粒染色体自动分析剂量效应曲线 [1]

注：Y=（0.018 06 ± 0.000 32）D^2+（0.012 79 ± 0.000 84）D+（0.000 489 1 ± 0.000 135 8）（其中，Y 为软件自动分析并人工确认的每细胞"Dic"数；D 为吸收剂量，单位为 Gy）；样品使用 ^{60}Co γ 射线照射（剂量率 0.39 Gy/min）；使用上海乐辰生物科技有限公司的 CP-Ⅱ-64 自动细胞收获仪、CP-AS-40 自动制片机、CP-G-24 自动染片机分别制备细胞悬液、制片和 Giemsa 染色；使用德国 MetaSystems 公司的 Metafer 4（V.3.11.6）染色体自动扫描分析系统和 DCScore 软件等对 Dic 进行分析。

[1]DAI H, FENG J C, BIAN N H, et al. Complete technical scheme for automatic biological dose estimation platform [J] Dose Response, 2018, 16(4): 155932581879951.

发生核辐射事故时伤员如何转送？

答：根据 GBZ/T 234—2010《核事故场内医学应急响应程序》，发生核辐射事故时应按照以下方式转送伤员：

（1）根据伤员分类的结果，分类、分级转送。

（2）伤员转送要明确转送地点；转送人员应做好伤员转送记录，包括伤员基本情况、伤类、伤情、转送人员名单、转送的医疗机构、已实施的救治措施等。

（3）有放射性核素体表或者伤口污染的伤员要做好伤员的防护，防止放射污染扩散。

（4）伤员转送途中要有安全保障措施；做好转送人员的人体防护，防止放射性污染；伤员的分类标签、留取的样品、伤员的资料要随伤员一起转送；在伤员身体显著位置配挂分类标签。

发生核辐射事故时对过量照射人员如何进行现场处置？

答：根据 GBZ/T 234—2010《核事故场内医学应急响应程序》，发生核辐射事故时应按以下方式对过量照射人员进行现场处置：

（1）初步偏保守估算疑似过量照射人员的受照剂量；

（2）疑似受照剂量可能大于 0.5 Sv 者，应尽早使用抗辐射药物；

（3）留取可用于估算剂量的血液样品和其他样品；

（4）给伤员佩戴分类标签，立刻转运到指定救治地点并做好伤员的转送记录。

发生核辐射事故时对内照射人员如何进行现场处置？

答：根据 GBZ/T 234—2010《核事故场内医学应急响应程序》，发生核辐射事故时应按以下方法对内照射人员进行现场处置：

（1）应明确摄入放射性核素的种类；了解和判断摄入方式和时间。

（2）初步估算放射性核素的摄入量；对疑似体内放射性核素摄入人员的剂量估算要偏保守。

（3）疑似摄入过量放射性核素，留取生物样品后尽早使用阻吸收和促排治疗措施。

（4）分类、分级救治。给伤员佩戴分类标签，立刻转运到指定救治地点并做好伤员的转送记录。

发生核辐射事故时对伤口污染人员如何进行现场处置？

答：根据 GBZ/T 234—2010《核事故场内医学应急响应程序》，发生核辐射事故时应按以下方法对伤口污染人员进行现场处置：

（1）明确污染伤口的放射性核素种类。

（2）尽早处理放射性核素污染的伤口，并使用阻吸收药物防止放射性核素进一步进入；使用阻吸收药物前要留取生物样品。

（3）伤口处理要遵循放射性核素污染伤口的处理原则。

（4）如果伤口出血严重，应立即给予止血。

（5）放射性核素污染伤口去污后应立即进行污染伤口的核素测量，评估去污效果。

（6）如果必要，应尽早清创并保留切除组织，留作样品，以便估算剂量。

（7）伤口污染的伤员应分级救治，及时转运到指定救治地点并做好伤员的转送记录。

发生核辐射事故时对体表污染人员如何进行现场处置？

答：根据 GBZ/T 234—2010《核事故场内医学应急响应程序》，发生核辐射事故时应按以下方法对体表污染人员进行现场处置：

（1）进行体表放射性核素污染监测；记录污染部位、污染面积、污染水平；如果必要，估算皮肤剂量。

（2）头面部的去污要防止放射性核素进入眼、耳、鼻、口，并防止沾染身体其他部位。

（3）眼部污染要用洗眼液冲洗，防止损伤眼部组织。

（4）鼻腔污染要剪去鼻毛，用湿棉签擦洗，去污时要注意防止鼻腔组织损伤。

（5）每次去污后要监测去污效果并记录。

（6）经 3 次去污仍不能去除的皮肤污染视为牢固污染，做好皮肤防护，给伤员佩戴分类标签，立刻转运到指定救治地点并做好伤员的转送记录。

第六部分
个人剂量篇

为什么要进行个人剂量监测？

答：对放射工作人员进行个人剂量监测有利于评估放射工作人员受照剂量水平。个人剂量监测是职业性放射性疾病诊断的重要依据，是职业健康监护的重要内容，同时也是职业健康管理的重要手段。

职业性外照射个人剂量监测周期是多长？

答：根据 GBZ 128—2019《职业性外照射个人监测规范》，常规监测的周期应综合考虑放射工作人员的工作性质、所受剂量的大小、剂量变化程度及剂量计的性能等诸多因素。常规监测周期一般为 1 个月，最长不应超过 3 个月。任务相关监测和特殊监测应根据辐射监测实践的需要进行。

放射工作人员如何佩戴个人剂量计？

答：根据 GBZ 128—2019《职业性外照射个人监测规范》，当辐射主要来自前方时，剂量计应佩戴在人体躯干前方中部位置，一般在左胸前或锁骨对应的领口位置；当辐射主要来自人体背面时，剂量计应佩戴在背部中间。对于介入放射学、核医学放射药物分装与注射等全身受照不均匀的工作情况，应在铅围裙外锁骨对应的领口位置佩戴剂量计，并建议采用双剂量计监测方法（在铅围裙内躯干上再佩戴另一个剂量计），且宜在身体可能受到较大照射的部位佩戴局部剂量计（如头箍剂量计、腕部剂量计、指环剂量计等）。

个人剂量计丢失、损坏时放射工作人员怎样确定个人剂量值？

答：根据 GBZ 128—2019《职业性外照射个人监测规范》，当剂量计丢失、损坏、因故得不到读数或所得读数不能正确反映工作人员所接受的剂量时，技术服务机构可通过以下方法确定其名义剂量，并将名义剂量及其确定方法记入监测记录：

（1）用同时间佩戴的即时剂量计记录的即时剂量估算剂量；

（2）用同时间场所监测的结果推算剂量；

（3）用同一监测周期内从事相同工作的工作人员接受的平均剂量；

（4）用工作人员前年度受到的平均剂量，即名义剂量 = 前年度剂量 × 监测周期（d）/365。

放射工作人员职业照射水平限值是多少？

答：根据 GB 18871—2002《电离辐射防护与辐射源安全基本标准》，放射工作人员的职业照射水平应不超过以下限值：

（1）连续 5 年的年平均有效剂量（但不可作任何追溯性平均），20 mSv；

（2）任何一年中的有效剂量，50 mSv；

（3）晶状体的年当量剂量，150 mSv；

（4）四肢（手和足）或皮肤的年当量剂量，500 mSv。

国际放射防护委员会（ICRP）2014 年发布的《关于组织反应的声明及正常组织器官的早期和晚期辐射效应——辐射防护中的组织反应阈剂量》，把眼晶状体组织反应的吸收剂量阈值考虑为 0.5 Gy，并建议职业照射的眼晶状体的年当量剂量限值为连续 5 年平均每年不超过 20 mSv；任一年度不超过 50 mSv。国际原子能机构 2011 年出版的《辐射防护和辐射源安全：国际基本安全标准》采纳了 ICRP 关于降低眼晶状体剂量限值的建议。由此可见，介入诊疗操作对医务人员晶状体的危害程度远超研究者先前的认知水平。

不同放射工作人员可以共用个人剂量计吗？

答：不能。根据《放射诊疗管理规定》，医疗机构应当为放射诊疗工作人员建立个人剂量档案；对未按照规定为放射诊疗工作人员进行个人剂量监测和建立个人剂量档案的，由县级以上卫生行政部门给予警告，责令限期改正，并可处一万元以下的罚款。根据《放射工作人员职业健康管理办法》，放射工作单位应当安排本单位的放射工作人员接受个人剂量监测；放射工作人员进入放射工作场所应正确佩戴个人剂量计。个人剂量是评价放射工作人员受照剂量的法定手段。不同放射工作人员共用一个剂量计将导致监测结果不准确，无法评定放射工作人员受照剂量的大小和放射安全程度。

外照射个人剂量监测常用剂量计有哪些？

答：用于外照射个人剂量监测的常用剂量计有热释光剂量计、光致发光剂量计、玻璃剂量计、中子剂量计等。其中，热释光剂量计应用最为广泛。市场上可用于测量热释光剂量计的装置有锐比热释光测量系统、Harshaw 热释光测量系统等。

个人剂量监测档案包括哪些内容？

答：根据《放射工作人员职业健康管理办法》，个人剂量监测档案应当包括：

（1）常规监测的方法和结果等相关资料；

（2）应急或者事故中受到照射的剂量和调查报告等相关资料。

个人剂量监测档案保存周期是多长？

答：根据《放射工作人员职业健康管理办法》，用人单位应建立并终生保存个人剂量监测档案。

医疗应用中不同职业照射的职业如何分类？

答：根据 GBZ 128—2019《职业性外照射个人监测规范》，医学应用中诊断放射学职业类别为 2A、牙科放射学职业类别为 2B、核医学职业类别为 2C、放射治疗职业类别为 2D、介入放射学职业类别为 2E、其他应用职业类别为 2F。

工业应用中不同职业照射的职业如何分类？

答：根据 GBZ 128—2019《职业性外照射个人监测规范》，工业应用中工业辐照职业类别为 3A、工业探伤职业类别为 3B、发光涂料职业类别为 3C、放射性同位素生产职业类别为 3D、测井职业类别为 3E、加速器运行职业类别为 3F、其他应用职业类别为 3G。

第七部分
职业健康篇

什么是职业性放射性疾病？

答：根据《中华人民共和国职业病防治法》，职业性放射性疾病是指企业、事业单位和个体经济组织等用人单位的劳动者在职业活动中因接触放射性物质而引起的疾病。

法定职业性放射性疾病有哪些？

答：根据国家《职业病分类和目录》，职业性放射性疾病包括：

（1）外照射急性放射病；

（2）外照射亚急性放射病；

（3）外照射慢性放射病；

（4）内照射放射病；

（5）放射性皮肤疾病；

（6）放射性肿瘤（含矿工高氡暴露所致肺癌）；

（7）放射性骨损伤；

（8）放射性甲状腺疾病；

（9）放射性性腺疾病；

（10）放射复合伤；

（11）根据《职业性放射性疾病诊断标准（总则）》可以诊断的其他放射性损伤。

放射性危害因素有哪些？

答：根据《职业病危害因素分类目录》，放射性危害因素主要包括以下 8 种：

（1）密封放射源产生的电离辐射（主要产生 γ 射线、中子等）；

（2）非密封放射性物质（可产生 α、β、γ 射线或中子）；

（3）X 射线装置（含 CT 机）产生的电离辐射（X 射

线);

（4）加速器产生的电离辐射（可产生电子射线、X射线、质子、重离子、中子以及感生放射性等）;

（5）中子发生器产生的电离辐射（主要是中子、γ射线等）;

（6）氡及其短寿命子体（限于矿工高氡暴露）;

（7）铀及其化合物;

（8）以上未提及的可导致职业病的其他放射性因素。

什么是放射工作人员职业健康监护?

答：根据 GBZ 98—2020《放射工作人员健康要求及监护规范》，放射工作人员职业健康监护是指为保证放射工作人员上岗前及在岗期间都能适任其拟承担或所承担的工作任务而进行的医学检查及评价。其主要包括职业健康检查和职业健康监护档案管理等。

放射工作人员职业健康监护档案包括哪些内容?

答：根据 GBZ 98—2020《放射工作人员健康要求

及监护规范》，放射工作人员职业健康监护档案应包括以下内容：

（1）职业史（放射和非放射）、既往病史、个人史、应急照射和事故照射史（如有）；

（2）历次职业健康检查结果评价及处理意见；

（3）职业性放射性疾病诊治资料（病历、诊断证明书和鉴定结果等）、医学随访资料；

（4）需要存入职业健康监护档案的其他有关资料，如工伤鉴定意见或结论、怀孕声明等。

放射工作人员职业健康监护档案保存时间是多久？

答：根据 GBZ 98—2020《放射工作人员健康要求及监护规范》，放射工作单位应为放射工作人员建立并终生保存职业健康监护档案。放射工作人员职业健康监护档案应有专人负责管理，妥善保存；应采取有效措施维护放射工作人员的职业健康隐私权和保密权。

放射工作人员能否向用人单位索要职业健康监护档案原件？

答：不能。但根据 GBZ 98—2020《放射工作人员健康要求及监护规范》，放射工作人员有权查阅、复印本人的职业健康监护档案。放射工作单位应如实、无偿提供，并在所提供复印件上盖章。

什么是放射工作人员职业健康检查？

答：根据 GBZ 98—2020《放射工作人员健康要求及监护规范》，放射工作人员职业健康检查是指为评价放射工作人员健康状况而进行的医学检查，包括上岗前、在岗期间、离岗时、应急照射和事故照射后的职业健康检查。

放射工作人员职业健康检查时用人单位应提供哪些资料？

答：根据《职业健康检查管理办法》，放射工作人员职业健康检查时用人单位如实提供以下资料，并承担检查费用：

（1）用人单位的基本情况；

（2）工作场所职业病危害因素种类及其接触人员名册、岗位（或工种）、接触时间；

（3）工作场所职业病危害因素定期检测等相关资料。

什么是职业禁忌？

答：职业禁忌是指劳动者从事特定职业或者接触特定职业病危害因素时，比一般职业人群更易于遭受职业病危害和罹患职业病或者可能导致自身原有疾病病情加重，或者在从事作业过程中诱发可能对他人生命健康构成危险的疾病的个人特殊生理或病理状态。

放射工作人员存在职业禁忌应如何处理？

答：根据《中华人民共和国职业病防治法》，用人单位不得安排未经上岗前职业健康检查的劳动者从事接触职业病危害的作业；不得安排有职业禁忌的劳动者从事其所禁忌的作业；对在职业健康检查中发现有与所从事的职业相关的健康损害的劳动者，应当调离原工作岗

位，并妥善安置；对未进行离岗前职业健康检查的劳动
者不得解除或者终止与其订立的劳动合同。

具有哪些指征的人员不应继续从事放射工作？

答：根据 GBZ 98—2020《放射工作人员健康要求
及监护规范》，工作人员具有以下指征时不应继续从事放
射工作：

（1）严重的视、听障碍；

（2）严重和反复发作的疾病，使之丧失部分工作能
力，如严重造血系统疾病、恶性肿瘤、慢性心肺疾患导
致心肺功能明显下降、未能控制的癫痫和暴露部位的严
重皮肤疾病等；

（3）未完全康复的放射性疾病。

放射工作人员在岗期间职业健康检查周期是多长？

答：根据 GBZ 98—2020《放射工作人员健康要求
及监护规范》，放射工作人员在岗期间职业健康检查周
期按照卫生行政部门的有关规定执行，一般为 1～2 年，

不得超过 2 年，必要时可适当增加检查次数；在岗期间因需要而暂时到外单位从事放射工作，应按在岗期间接受职业健康检查。

离岗多久再从事放射工作离岗检查可视为上岗前检查？

答：根据 GBZ 98—2020《放射工作人员健康要求及监护规范》，离岗 3 个月内换单位从事放射工作的，离岗检查可视为上岗前检查；在同一单位更换岗位，仍从事放射工作者按在岗期间职业健康检查处理，并记录在放射工作人员职业健康监护档案中。

放射工作人员脱离放射工作多久重新从事放射工作时需进行上岗前检查？

答：根据 GBZ 98—2020《放射工作人员健康要求及监护规范》，放射工作人员脱离放射工作 2 年以上（含 2 年）重新从事放射工作，按上岗前职业健康检查处理。

放射工作人员最后一次在岗期间检查在离岗前多久内可视为离岗检查？

答：根据 GBZ 98—2020《放射工作人员健康要求及监护规范》，放射工作人员无论何种原因脱离放射工作时，放射工作单位应及时安排其进行离岗时的职业健康检查，以评价其离岗时的健康状况；如果最后一次在岗期间职业健康检查在离岗前3个月内，可视为离岗时检查，但应按离岗时检查项目补充未检查项目。

放射工作人员上岗前应做哪些检查项目？

答：根据 GBZ 98—2020《放射工作人员健康要求及监护规范》，放射工作人员上岗前应做的检查项目如下。

（1）必检项目：医学史、职业史调查；内科、皮肤科常规检查；眼科检查（色觉、视力、晶状体裂隙灯检查、玻璃体、眼底）；血常规和白细胞分类；尿常规；肝功能；肾功能；外周血淋巴细胞染色体畸变分析；胸部X线；心电图；腹部B超。

（2）选检项目：耳鼻喉科、视野（核电厂放射工作人员）；心理测试（核电厂操纵员和高级操纵员）；甲状腺功能；肺功能（放射性矿山工作人员，接受内照射、需要穿戴呼吸防护装置的人员）。

放射工作人员在岗期间应做哪些检查项目？

答：根据 GBZ 98—2020《放射工作人员健康要求及监护规范》，放射工作人员在岗期间应做的检查项目如下。

（1）必检项目：医学史、职业史调查；内科、皮肤科常规检查；眼科检查（色觉、视力、晶状体裂隙灯检查、玻璃体、眼底）；血常规和白细胞分类；尿常规；肝功能；肾功能；外周血淋巴细胞微核试验；胸部 X 线检查。

（2）选检项目：心电图；腹部 B 超；甲状腺功能；血清睾酮；外周血淋巴细胞染色体畸变分析；痰细胞学检查和（或）肺功能检查（放射性矿山工作人员，接受内照射、需要穿戴呼吸防护装置的人员）；使用全身计数器进行体内放射性核素滞留量的检测（从事非密封源操作的人员）。

放射工作人员离岗前应做哪些检查项目？

答：根据 GBZ 98—2020《放射工作人员健康要求及监护规范》，放射工作人员离岗前应做的检查项目如下。

（1）必检项目：医学史、职业史调查；内科、皮肤科常规检查；眼科检查（色觉、视力、晶状体裂隙灯检查、玻璃体、眼底）；血常规和白细胞分类；尿常规；肝功能；肾功能；外周血淋巴细胞染色体畸变分析；胸部 X 线检查；心电图；腹部 B 超。

（2）选检项目：耳鼻喉科、视野（核电厂放射工作人员）；心理测试（核电厂操纵员和高级操纵员）；甲状腺功能；肺功能（放射性矿山工作人员，接受内照射、需要穿戴呼吸防护装置的人员）；使用全身计数器进行体内放射性核素滞留量的检测（从事非密封源操作的人员）。

放射工作人员应急／事故照射后应做哪些检查项目？

答：根据 GBZ 98—2020《放射工作人员健康要求

及监护规范》，放射工作人员应急／事故照射后应做的检查项目如下。

（1）必检项目：应急／事故照射史、医学史、职业史调查；详细的内科、外科、眼科、皮肤科、神经科检查；血常规和白细胞分类（连续取样）；尿常规；外周血淋巴细胞染色体畸变分析；外周血淋巴细胞微核试验；胸部 X 线摄影（在留取细胞遗传学检查所需血样后）；心电图。

（2）选检项目：根据受照和损伤的具体情况，参照有关标准进行必要的检查和医学处理。

放射工作人员怀疑自己得了职业病可怎样处理？

答：放射工作人员怀疑自己得了职业病时可以在具有职业病诊断资质的机构进行职业病诊断。

放射工作人员可向哪些机构申请职业病诊断？

答：根据《中华人民共和国职业病防治法》，放射工作人员可以在用人单位所在地、本人户籍所在地或者经常居住地依法承担职业病诊断的医疗卫生机构进行职业病诊断。

申请职业病诊断时需提供哪些材料？

答：根据《职业病诊断与鉴定管理办法》，申请职业病诊断时需提供以下材料：

（1）劳动者职业史和职业病危害接触史（包括在岗时间、工种、岗位、接触的职业病危害因素名称等）；

（2）劳动者职业健康检查结果；

（3）工作场所职业病危害因素检测结果；

（4）职业性放射性疾病诊断还需要个人剂量监测档案等资料。

用人单位不提供职业病诊断所需相关资料时劳动者如何进行职业病诊断？

答：根据《职业病诊断与鉴定管理办法》，经卫生健康主管部门督促，用人单位仍不提供工作场所职业病危害因素检测结果、职业健康监护档案等资料或者提供资料不全的，职业病诊断机构应当结合劳动者的临床表现、辅助检查结果和劳动者的职业史、职业病危害接触史，并参考劳动者自述或工友旁证资料、卫生健康等有关部门提供的日常监督检查信息等，做出职业病诊断结论。对于做出无职业病诊断结论的病人，可依据病人的临床表现以及辅助检查结果，做出疾病的诊断，提出相关医学意见或者建议。

放射工作人员对职业病诊断有异议时可怎样处理？

答：根据《中华人民共和国职业病防治法》，当事人对职业病诊断有异议的，可以向做出诊断的医疗卫生机构所在地地方人民政府卫生行政部门申请鉴定。职业病诊断争议由设区的市级以上地方人民政府卫生行政部门根据当事人的申请，组织职业病诊断鉴定委员会进行鉴定。

放射工作人员申请职业病诊断鉴定时应当提供哪些资料？

答：根据《职业病诊断与鉴定管理办法》，当事人申请职业病诊断鉴定时，应当提供以下资料：

（1）职业病诊断鉴定申请书；

（2）职业病诊断证明书；

（3）申请省级鉴定的还应当提交市级职业病诊断鉴定书。

放射工作人员对设区的市级职业病诊断鉴定委员会的鉴定结论不服时可怎样处理？

答：根据《中华人民共和国职业病防治法》，当事人对设区的市级职业病诊断鉴定委员会的鉴定结论不服的，可以向省、自治区、直辖市人民政府卫生行政部门申请再鉴定。

职业病诊断和鉴定费用由谁承担？

答：根据《中华人民共和国职业病防治法》，职业病诊断和鉴定费用由用人单位承担。

在疑似职业病病人诊断或者医学观察期间，用人单位能否解除或者终止与其订立的劳动合同？

答：根据《中华人民共和国职业病防治法》，医疗卫生机构发现疑似职业病病人时，应当告知劳动者本人并及时通知用人单位。用人单位应当及时安排对疑似职业病病人进行诊断；在疑似职业病病人诊断或者医学观察期间，不得解除或者终止与其订立的劳动合同。

疑似职业病病人在诊断和医学观察期间的费用由谁承担？

答：根据《中华人民共和国职业病防治法》，疑似职业病病人在诊断和医学观察期间的费用由用人单位承担。

用人单位应当如何保障职业病病人依法享受国家规定的相关待遇？

答：根据《中华人民共和国职业病防治法》，用人单位可通过以下方面保障职业病病人相关待遇：

（1）用人单位应当按照国家有关规定，安排职业病病人进行治疗、康复和定期检查；

（2）用人单位对不适宜继续从事原工作的职业病病人，应当调离原岗位，并妥善安置；

（3）用人单位对从事接触职业病危害的作业的劳动者，应当给予适当岗位津贴。

用人单位没有依法为其缴纳工伤保险的职业病病人，其医疗和生活保障由谁承担？

答：根据《中华人民共和国职业病防治法》，放射工作人员被诊断患有职业病，但用人单位没有依法参加工伤保险的，其医疗和生活保障由该用人单位承担。

附 本书参考的标准及相关文件

GB 18871—2002《电离辐射防护与辐射源安全基本标准》

GB 2894—2008《安全标志及其使用导则》

GBZ 158—2003《工作场所职业病危害警示标识》

GBZ 130—2020《放射诊断放射防护要求》

GBZ 120—2020《核医学放射防护要求》

GBZ 121—2020《放射治疗放射防护要求》

GBZ 117—2015《工业 X 射线探伤放射防护要求》

GBZ 132—2008《工业 γ 射线探伤放射防护标准》

GBZ 175—2006《γ 射线工业 CT 放射卫生防护标准》

GBZ 125—2009《含密封源仪表的放射卫生防护要求》

GBZ 114—2006《密封放射源及密封 γ 放射源容器的放射卫生防护标准》

GBZ 143—2015《货物／车辆辐射检查系统的放射防护要求》

GBZ 115—2002《X 射线衍射仪和荧光分析仪卫生防护标准》

GBZ 127—2002《X 射线行李包检查系统卫生防护标准》

GBZ/T 234—2010《核事故场内医学应急响应程序》

GBZ 128—2019《职业性外照射个人监测规范》

GBZ 98—2020《放射工作人员健康要求及监护规范》

《放射工作人员职业健康管理办法》

《中华人民共和国职业病防治法》

《放射性同位素与射线装置安全和防护条例》

《放射源分类办法》

《射线装置分类》

《放射诊疗管理规定》

《大型医用设备配置许可管理目录（2018）》

《职业病分类和目录》

《职业病危害因素分类目录》

《职业健康检查管理办法》

《职业病诊断与鉴定管理办法》